高等职业教育电子信息基础创新教材

模拟电子技术基础教程

主　编　陈　伟　秦　忠
副主编　何雨洁　邹艳红　曹　瑜　谢亚男　于　兰
参　编　裴倩倩　唐瑜谦　吴彦霖

北京理工大学出版社
BEIJING INSTITUTE OF TECHNOLOGY PRESS

内 容 简 介

本书是根据高职高专电气自动化技术专业的培养目标，结合近年来电子技术的发展和编者多年从事模拟电子技术教学的实践经验，同时针对模拟电子技术课程教学的基本要求和学习特点编写而成的。全书共分8章，分别为电子电路常用元器件、基本放大电路、多级放大电路和差分放大电路、放大电路中的反馈、集成运算放大电路、集成功率放大电路、正弦波振荡电路和直流稳压电源。每章后都附有习题，类型丰富，包括选择题、填空题、判断题、简答题和计算题等，便于学生课后复习。

本书可作为高等职业院校、高等专科院校、成人高校、民办高校及本科院校举办的二级职业技术学院电子信息类和电气、自动化类等相关专业的"模拟电子技术"课程的教材，特别适合学时较少的情况，也适用于五年制高职、中职相关专业，并可作为相关专业工程技术人员的技术参考书。

版权专有　侵权必究

图书在版编目（CIP）数据

模拟电子技术基础教程／陈伟，秦忠主编. ——北京：北京理工大学出版社，2020.7（2020.10 重印）

ISBN 978 – 7 – 5682 – 8671 – 8

Ⅰ. ①模⋯　Ⅱ. ①陈⋯　②秦⋯　Ⅲ. ①模拟电路 – 电子技术 – 教材　Ⅳ. ①TN710.4

中国版本图书馆 CIP 数据核字（2020）第 117497 号

出版发行／北京理工大学出版社有限责任公司

社　　址／北京市海淀区中关村南大街5号

邮　　编／100081

电　　话／（010）68914775（总编室）

　　　　　（010）82562903（教材售后服务热线）

　　　　　（010）68948351（其他图书服务热线）

网　　址／http：//www.bitpress.com.cn

经　　销／全国各地新华书店

印　　刷／三河市天利华印刷装订有限公司

开　　本／787 毫米 × 1092 毫米　1/16

印　　张／14.25　　　　　　　　　　　　　　　　责任编辑／陈莉华

字　　数／338 千字　　　　　　　　　　　　　　　文案编辑／陈莉华

版　　次／2020 年 7 月第 1 版　2020 年 10 月第 2 次印刷　　责任校对／周瑞红

定　　价／39.80 元　　　　　　　　　　　　　　　责任印制／施胜娟

图书出现印装质量问题，请拨打售后服务热线，本社负责调换

前言 Preface

为了适应现代电子信息科学技术迅猛发展的需要和满足新形势下社会对人才的需求，同时也为提高电子技术人员专业技能水平和综合素质，我们组织编写了适合电气、电子信息类高职学生使用的教材——《模拟电子技术基础教程》。

本书结构合理，符合学生的认知规律与心理特点：循序渐进，循环反复，继承与创新相结合。全书内容的展现方法符合教学规律和学生的认知规律：要求明确、重点突出、例题丰富、及时复习巩固。本书按教学顺序安排，每章开头有概述，每节有例题和思考题，每章末有小结和练习题，能充分满足教学需要。

本书突出高职高专教育特色，注重理论联系实际，采用模块化的内容为主线，知识与技能交叉组合，把每个单元的重点和难点项目渗透到各部分教学活动中，以保证学生切实加强模拟电子技术基础知识和基本技能的训练。根据学生的学习和认识规律，在阐述上尽量由浅入深、循序渐进，便于学生课后自学。在保证内容科学的前提下，对某些原理的论证、公式的推导、内部电路或机理等进行简单介绍，以定性分析为主，重点讲述实际应用，有利于培养学生的专业能力。

本书共 8 章，由陈伟担任主编。其中，第 1~3 章由陈伟编写；第 4、5 章以秦忠为主，曹瑜参与编写；第 6、7 章以何雨洁为主，谢亚男、裴倩倩参与编写；第 8 章以邹艳红为主，于兰参与编写。其他同志参与资料收集、整理、图形绘制等工作。

本书在编写过程中得到了云南省计算机软件技术开发研究中心的指导和支持，由多位专家进行了审定，同时得到了其他教师和相关人员的大力协助，在此一并表示感谢。

由于本书涉及的知识较多，加之编者水平所限，错误和不当之处在所难免，敬请各兄弟院校的教师和广大读者批评指正，多提宝贵意见，使我们在今后能够对本书内容不断完善和补充。

编　者

目录

▶ **第1章 电子电路常用元器件** ··· 1
  1.1 电阻 ·· 1
    1.1.1 电阻的分类 ·· 1
    1.1.2 电阻的识别 ·· 5
  1.2 电容 ·· 10
    1.2.1 电容的分类 ·· 10
    1.2.2 电容的识别 ·· 13
  1.3 电感 ·· 15
    1.3.1 电感的分类 ·· 15
    1.3.2 电感的识别 ·· 17
  1.4 半导体二极管 ··· 19
    1.4.1 半导体的基本知识 ··· 19
    1.4.2 PN 结的形成与特性 ·· 24
    1.4.3 二极管的结构与符号 ·· 26
    1.4.4 二极管的特性与参数 ·· 27
    1.4.5 特殊二极管 ·· 29
  1.5 半导体三极管 ··· 30
    1.5.1 三极管的结构和符号 ·· 30
    1.5.2 三极管电流分配和放大原理 ································· 32
    1.5.3 三极管的共射输入输出特性 ································· 34
    1.5.4 主要参数 ··· 36
  1.6 场效应晶体管 ··· 37
    1.6.1 结型场效应管 ··· 37
    1.6.2 绝缘栅型场效应管（MOS 管） ······························ 41
    1.6.3 场效应管的主要参数 ·· 47
    1.6.4 场效应管与三极管的比较 ···································· 48
  本章小结 ··· 50
  习　　题 ··· 51

▶ **第2章 基本放大电路** ··· 54
  2.1 放大电路的基本概念和主要性能指标 ······························ 54
    2.1.1 放大电路的基本概念 ·· 55

2.1.2 放大电路的性能指标 ⋯⋯⋯⋯⋯⋯⋯⋯⋯⋯⋯⋯⋯⋯⋯⋯⋯⋯⋯⋯⋯⋯⋯⋯⋯ 55
2.2 基本共发射极放大电路的组成和工作原理 ⋯⋯⋯⋯⋯⋯⋯⋯⋯⋯⋯⋯⋯⋯⋯⋯⋯⋯ 58
2.3 放大电路的静态工作点 ⋯⋯⋯⋯⋯⋯⋯⋯⋯⋯⋯⋯⋯⋯⋯⋯⋯⋯⋯⋯⋯⋯⋯⋯⋯⋯⋯ 60
2.4 放大电路的分析方法 ⋯⋯⋯⋯⋯⋯⋯⋯⋯⋯⋯⋯⋯⋯⋯⋯⋯⋯⋯⋯⋯⋯⋯⋯⋯⋯⋯⋯ 63
　　2.4.1 放大电路的静态分析 ⋯⋯⋯⋯⋯⋯⋯⋯⋯⋯⋯⋯⋯⋯⋯⋯⋯⋯⋯⋯⋯⋯⋯⋯⋯ 64
　　2.4.2 放大电路的动态分析 ⋯⋯⋯⋯⋯⋯⋯⋯⋯⋯⋯⋯⋯⋯⋯⋯⋯⋯⋯⋯⋯⋯⋯⋯⋯ 67
2.5 放大电路的偏置电路 ⋯⋯⋯⋯⋯⋯⋯⋯⋯⋯⋯⋯⋯⋯⋯⋯⋯⋯⋯⋯⋯⋯⋯⋯⋯⋯⋯⋯ 69
　　2.5.1 固定偏置放大电路 ⋯⋯⋯⋯⋯⋯⋯⋯⋯⋯⋯⋯⋯⋯⋯⋯⋯⋯⋯⋯⋯⋯⋯⋯⋯⋯ 69
　　2.5.2 分压偏置放大电路 ⋯⋯⋯⋯⋯⋯⋯⋯⋯⋯⋯⋯⋯⋯⋯⋯⋯⋯⋯⋯⋯⋯⋯⋯⋯⋯ 74
2.6 共基极和共集电极放大电路 ⋯⋯⋯⋯⋯⋯⋯⋯⋯⋯⋯⋯⋯⋯⋯⋯⋯⋯⋯⋯⋯⋯⋯⋯⋯ 78
　　2.6.1 共基极放大电路 ⋯⋯⋯⋯⋯⋯⋯⋯⋯⋯⋯⋯⋯⋯⋯⋯⋯⋯⋯⋯⋯⋯⋯⋯⋯⋯⋯ 78
　　2.6.2 共集电极放大电路 ⋯⋯⋯⋯⋯⋯⋯⋯⋯⋯⋯⋯⋯⋯⋯⋯⋯⋯⋯⋯⋯⋯⋯⋯⋯⋯ 80
2.7 放大电路3种组态的比较 ⋯⋯⋯⋯⋯⋯⋯⋯⋯⋯⋯⋯⋯⋯⋯⋯⋯⋯⋯⋯⋯⋯⋯⋯⋯⋯ 83
本章小结 ⋯⋯⋯⋯⋯⋯⋯⋯⋯⋯⋯⋯⋯⋯⋯⋯⋯⋯⋯⋯⋯⋯⋯⋯⋯⋯⋯⋯⋯⋯⋯⋯⋯⋯⋯ 84
习　　题 ⋯⋯⋯⋯⋯⋯⋯⋯⋯⋯⋯⋯⋯⋯⋯⋯⋯⋯⋯⋯⋯⋯⋯⋯⋯⋯⋯⋯⋯⋯⋯⋯⋯⋯⋯ 86

▶第3章　多级放大电路和差分放大电路 ⋯⋯⋯⋯⋯⋯⋯⋯⋯⋯⋯⋯⋯⋯⋯⋯⋯⋯⋯⋯⋯⋯⋯ 89

3.1 多级放大电路 ⋯⋯⋯⋯⋯⋯⋯⋯⋯⋯⋯⋯⋯⋯⋯⋯⋯⋯⋯⋯⋯⋯⋯⋯⋯⋯⋯⋯⋯⋯⋯ 89
　　3.1.1 多级放大电路的耦合方式 ⋯⋯⋯⋯⋯⋯⋯⋯⋯⋯⋯⋯⋯⋯⋯⋯⋯⋯⋯⋯⋯⋯ 89
　　3.1.2 多级放大电路的分析 ⋯⋯⋯⋯⋯⋯⋯⋯⋯⋯⋯⋯⋯⋯⋯⋯⋯⋯⋯⋯⋯⋯⋯⋯ 93
3.2 差分放大电路 ⋯⋯⋯⋯⋯⋯⋯⋯⋯⋯⋯⋯⋯⋯⋯⋯⋯⋯⋯⋯⋯⋯⋯⋯⋯⋯⋯⋯⋯⋯⋯ 96
　　3.2.1 零点漂移现象及其产生的原因 ⋯⋯⋯⋯⋯⋯⋯⋯⋯⋯⋯⋯⋯⋯⋯⋯⋯⋯⋯⋯ 96
　　3.2.2 长尾式差分放大电路的组成 ⋯⋯⋯⋯⋯⋯⋯⋯⋯⋯⋯⋯⋯⋯⋯⋯⋯⋯⋯⋯⋯ 97
　　3.2.3 长尾式差分放大电路的分析 ⋯⋯⋯⋯⋯⋯⋯⋯⋯⋯⋯⋯⋯⋯⋯⋯⋯⋯⋯⋯⋯ 99
　　3.2.4 具有恒流源的差分放大电路 ⋯⋯⋯⋯⋯⋯⋯⋯⋯⋯⋯⋯⋯⋯⋯⋯⋯⋯⋯⋯⋯ 104
　　3.2.5 差分放大电路的4种接法 ⋯⋯⋯⋯⋯⋯⋯⋯⋯⋯⋯⋯⋯⋯⋯⋯⋯⋯⋯⋯⋯⋯ 106
本章小结 ⋯⋯⋯⋯⋯⋯⋯⋯⋯⋯⋯⋯⋯⋯⋯⋯⋯⋯⋯⋯⋯⋯⋯⋯⋯⋯⋯⋯⋯⋯⋯⋯⋯⋯⋯ 108
习　　题 ⋯⋯⋯⋯⋯⋯⋯⋯⋯⋯⋯⋯⋯⋯⋯⋯⋯⋯⋯⋯⋯⋯⋯⋯⋯⋯⋯⋯⋯⋯⋯⋯⋯⋯⋯ 110

▶第4章　放大电路中的反馈 ⋯⋯⋯⋯⋯⋯⋯⋯⋯⋯⋯⋯⋯⋯⋯⋯⋯⋯⋯⋯⋯⋯⋯⋯⋯⋯⋯⋯ 113

4.1 反馈的基本概念 ⋯⋯⋯⋯⋯⋯⋯⋯⋯⋯⋯⋯⋯⋯⋯⋯⋯⋯⋯⋯⋯⋯⋯⋯⋯⋯⋯⋯⋯⋯ 113
4.2 反馈放大电路的类型及判别 ⋯⋯⋯⋯⋯⋯⋯⋯⋯⋯⋯⋯⋯⋯⋯⋯⋯⋯⋯⋯⋯⋯⋯⋯⋯ 115
　　4.2.1 反馈的分类 ⋯⋯⋯⋯⋯⋯⋯⋯⋯⋯⋯⋯⋯⋯⋯⋯⋯⋯⋯⋯⋯⋯⋯⋯⋯⋯⋯⋯⋯ 115
　　4.2.2 负反馈的4种组态 ⋯⋯⋯⋯⋯⋯⋯⋯⋯⋯⋯⋯⋯⋯⋯⋯⋯⋯⋯⋯⋯⋯⋯⋯⋯⋯ 118
4.3 负反馈对放大电路性能的改善 ⋯⋯⋯⋯⋯⋯⋯⋯⋯⋯⋯⋯⋯⋯⋯⋯⋯⋯⋯⋯⋯⋯⋯⋯ 122
4.4 深度负反馈放大电路的分析 ⋯⋯⋯⋯⋯⋯⋯⋯⋯⋯⋯⋯⋯⋯⋯⋯⋯⋯⋯⋯⋯⋯⋯⋯⋯ 127
　　4.4.1 深度负反馈的实质 ⋯⋯⋯⋯⋯⋯⋯⋯⋯⋯⋯⋯⋯⋯⋯⋯⋯⋯⋯⋯⋯⋯⋯⋯⋯⋯ 127
　　4.4.2 深度负反馈条件下放大倍数的估算 ⋯⋯⋯⋯⋯⋯⋯⋯⋯⋯⋯⋯⋯⋯⋯⋯⋯⋯ 128

4.5　负反馈放大电路的稳定性 ……………………………………………………………… 132
　　4.5.1　负反馈放大电路产生自激振荡的原因和条件 ………………………………… 132
　　4.5.2　负反馈放大电路稳定性的判定 ………………………………………………… 133
　　4.5.3　负反馈放大电路自激振荡的消除方法 ………………………………………… 134
本章小结 ………………………………………………………………………………………… 136
习　　题 ………………………………………………………………………………………… 136

▶第5章　集成运算放大电路 ……………………………………………………………… 139

5.1　概述 ……………………………………………………………………………………… 139
　　5.1.1　集成运算放大器简介 …………………………………………………………… 139
　　5.1.2　模拟集成电路的特点 …………………………………………………………… 140
　　5.1.3　集成运算放大电路的基本组成 ………………………………………………… 140
　　5.1.4　集成运算放大器的主要参数 …………………………………………………… 141
　　5.1.5　集成运算放大器符号 …………………………………………………………… 142
　　5.1.6　理想运算放大器的特点 ………………………………………………………… 143
5.2　集成运算放大器在信号运算方面的运用 ……………………………………………… 144
　　5.2.1　比例运算电路 …………………………………………………………………… 144
　　5.2.2　加法运算电路 …………………………………………………………………… 147
　　5.2.3　减法运算电路 …………………………………………………………………… 149
　　5.2.4　积分运算电路 …………………………………………………………………… 150
　　5.2.5　微分运算电路 …………………………………………………………………… 150
本章小结 ………………………………………………………………………………………… 151
习　　题 ………………………………………………………………………………………… 151

▶第6章　集成功率放大电路 ……………………………………………………………… 155

6.1　概述 ……………………………………………………………………………………… 155
　　6.1.1　功率放大电路的特点和要求 …………………………………………………… 156
　　6.1.2　功率放大电路的主要技术指标 ………………………………………………… 156
　　6.1.3　功率放大电路的分类 …………………………………………………………… 156
　　6.1.4　提高效率的主要途径 …………………………………………………………… 158
　　6.1.5　功率放大电路与电压放大电路的比较 ………………………………………… 159
6.2　乙类互补对称功率放大电路 …………………………………………………………… 159
　　6.2.1　OCL放大电路 …………………………………………………………………… 160
　　6.2.2　OTL放大电路 …………………………………………………………………… 163
6.3　其他类型互补功率放大电路 …………………………………………………………… 165
本章小结 ………………………………………………………………………………………… 166
习　　题 ………………………………………………………………………………………… 167

第7章 正弦波振荡电路 · 171

7.1 概述 · 171
7.1.1 振荡电路框图 · 171
7.1.2 自激振荡 · 172
7.1.3 正弦波振荡电路基本构成 · 173
7.1.4 振荡电路的起振过程 · 173
7.2 LC 振荡电路 · 173
7.2.1 LC 回路的频率特性 · 173
7.2.2 变压器反馈式振荡电路 · 174
7.2.3 电感三点式振荡电路 · 175
7.2.4 电容三点式振荡电路 · 176
7.3 RC 振荡电路 · 177
7.3.1 RC 串并联型网络的选频特性 · 177
7.3.2 RC 桥式振荡电路 · 178
本章小结 · 179
习 题 · 179

第8章 直流稳压电源 · 182

8.1 概述 · 182
8.2 整流电路 · 183
8.2.1 单相半波整流电路 · 183
8.2.2 单相桥式整流电路 · 184
8.3 滤波电路 · 186
8.4 稳压电路 · 190
8.5 集成稳压电源 · 192
本章小结 · 196
习 题 · 196

▶ 参考答案 · 199

▶ 附录 数字万用表的使用 · 210

▶ 参考文献 · 216

第 1 章 电子电路常用元器件

电阻、电容、电感、二极管和三极管是组成电子电路的最基本元器件，是集成电路的最小组成单元，只有掌握它们的结构、性能、特点和工作原理，才能正确分析电子电路的工作原理。本章首先介绍电阻、电容、电感的分类、特点和识别，然后介绍半导体基础知识、半导体的导电特性、PN 结的形成及特性，二极管、三极管和场效应管的结构、工作原理、特性曲线和主要参数以及它们的外部特性，而对半导体器件内部的物理过程只做简要说明。

1.1 电 阻

电阻是电子元器件应用最广泛的一种，在电子设备中占元件总数的 30% 以上，其质量的好坏对电路的性能有极大影响。电阻的主要用途是稳定和调节电路中的电压和电流，其次还可以作为分流器、分压器和消耗电能的负载等。

1.1.1 电阻的分类

在电路的实际工作中，电阻器通常简称为电阻。常用的电阻分为三大类：阻值固定的电阻，称为固定电阻或普通电阻；阻值连续可变的电阻，称为可变电阻；具有特殊作用的电阻，称为敏感电阻（如热敏电阻、光敏电阻、气敏电阻等）。

1.1.1.1 固定电阻的外形及特点

1. 碳膜电阻

碳膜电阻（图 1.1 (a)）是以碳膜作为基本材料，利用浸渍或真空蒸发形成结晶的电阻膜（碳膜），属于通用性电阻。

2. 金属氧化膜电阻

金属氧化膜电阻（图1.1（b））是在陶瓷机体上蒸发一层金属氧化膜，然后再涂一层硅树脂胶，使电阻的表面坚硬而不易碎坏。

3. 金属膜电阻

金属膜电阻（图1.1（c））以特种稀有金属作为电阻材料，在陶瓷基体上，利用厚膜技术进行涂层和焙烧的方法形成电阻膜。

4. 线绕电阻

线绕电阻（图1.1（d））是将电阻线绕在耐热瓷体上，表面涂以耐热、耐湿、耐腐蚀的不燃性涂料保护层而成。线绕电阻与额定功率相同的薄膜电阻相比，具有体积小的优点，它的缺点是分布电感大。

5. 水泥电阻

水泥电阻（图1.1（e））也是一种线绕电阻，它是将电阻线绕于无碱性耐热瓷体上，外面加上耐热、耐湿及耐腐蚀材料保护固定而成。

6. 贴片式电阻

贴片式电阻（图1.1（f））又称表面安装电阻，是小型电子线路的理想元件。它是把很薄的碳膜或金属合金涂覆到陶瓷基底上，电子元件和电路板的连接直接通过金属封装端面，不需引脚，主要有矩形和圆柱形两种。

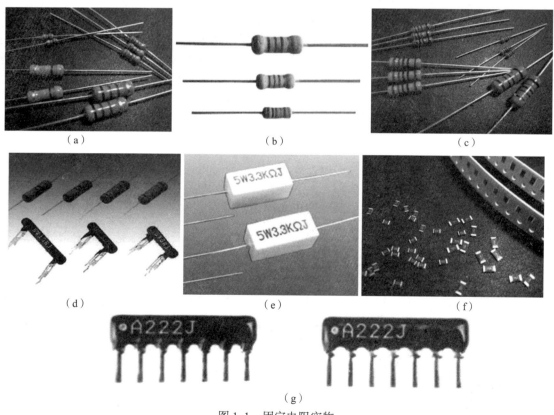

图1.1 固定电阻实物

（a）碳膜电阻；（b）金属氧化膜电阻；（c）金属膜电阻；（d）线绕电阻；
（e）水泥电阻；（f）贴片式电阻；（g）网络电阻

7. 网络电阻

网络电阻（图 1.1（g））又称排阻。网络电阻是一种将多个电阻按一定规律排列集中封装在一起，组合而制成的一种复合电阻。网络电阻有单列式（SIP）和双列直插式（DIP）。

需注意的是，电阻的不同底色代表的含义不同：底色为蓝色的代表金属膜电阻；底色为灰色的通常代表氧化膜电阻；底色为米黄色（黄土色）的代表碳膜电阻；底色为绿色的代表线绕电阻，基本上可以看到电阻丝；红色、棕色塑料壳的是无感电阻；白色的代表水泥电阻。

1.1.1.2 可变电阻的外形及特点

可变电阻通过调节转轴使它的输出电阻发生改变，从而达到改变电位的目的，故这种连续可调的电阻又称为电位器。根据其操作方式不同可分为单圈式、多圈式；根据其导电介质不同还可分为碳膜电位器、线绕电位器、导电塑料电位器等；根据其功能不同又可分为音量电位器、调速电位器等。电位器共同的特点是都有一个或多个机械滑动接触端，通过调节滑动接触端即可改变电阻值，从而达到调节电路中各种电压、电流的目的。

1. 线绕可变电阻

线绕可变电阻（图 1.2（a））由电阻丝绕在圆柱形的绝缘体上构成，通过滑动滑柄或旋转转轴实现电阻值的调节。

2. 贴片可变电阻

贴片可变电阻（图 1.2（b））是一种无手动旋转轴的超小型直线式电位器，调节时需借助工具。

3. 微调可变电阻

微调可变电阻（图 1.2（c））一般用于阻值不需频繁调节的场合，通常由专业人员完成调试。

4. 带开关可变电阻

带开关可变电阻（图 1.2（d））是将开关与电位器合为一体，通常用在需要对电源进行开关控制及音量调节的电路中，主要用在收音机、随身听、电视机等电子产品中。

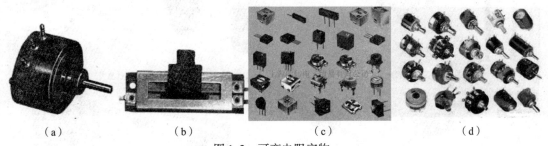

(a)　　　　　　　　(b)　　　　　　　　(c)　　　　　　　　(d)

图 1.2　可变电阻实物

(a) 线绕可变电阻；(b) 贴片可变电阻；(c) 微调可变电阻；(d) 带开关可变电阻

1.1.1.3 敏感电阻的外形及特点

敏感电阻种类繁多，电子电路中应用较多的有热敏电阻、光敏电阻、压敏电阻、气敏电阻、湿敏电阻、磁敏电阻等。

1. 热敏电阻

热敏电阻有正温度系数（PTC）热敏电阻（图 1.3（a））和负温度系数（NTC）热敏电

阻（图1.3（b））两种。

2. 光敏电阻

光敏电阻（图1.3（c））又叫光感电阻，是利用半导体的光电效应制成的一种电阻值随入射光的强弱而改变的电阻。入射光强，电阻值减小；入射光弱，电阻值增大。

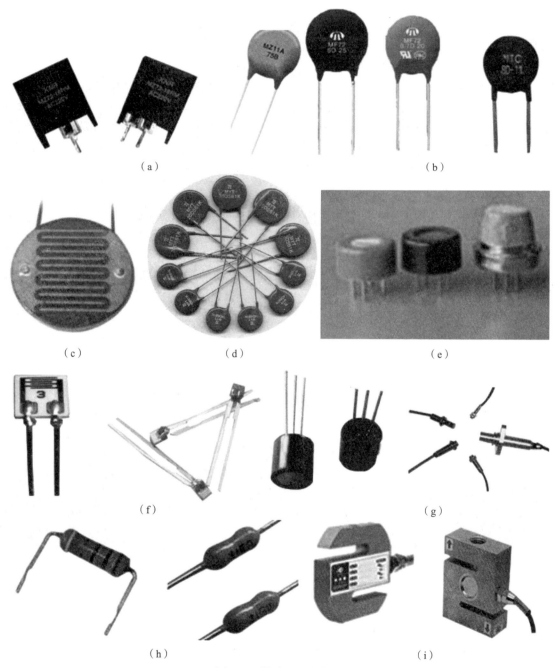

图1.3 敏感电阻实物

(a) 正温度系数（PTC）热敏电阻；(b) 负温度系数（NTC）热敏电阻；(c) 光敏电阻；(d) 压敏电阻；
(e) 气敏电阻；(f) 湿敏电阻；(g) 磁敏电阻；(h) 保险电阻；(i) 力敏电阻

3. 压敏电阻

压敏电阻（图1.3（d））是利用半导体材料的非线性特性制成的一种特殊电阻，是一种在某一特定电压范围内其电导随电压的增加而急剧增大的敏感元件。

4. 气敏电阻

气敏电阻（图1.3（e））是利用气体的吸附而使半导体本身的电导率发生变化这一原理，将检测到的气体成分和浓度转换为电信号的电阻。

5. 湿敏电阻

湿敏电阻（图1.3（f））是利用湿敏材料吸收空气中的水分而导致本身电阻值发生变化这一原理而制成的电阻。

6. 磁敏电阻

磁敏电阻（图1.3（g））是利用半导体的磁阻效应制造的电阻。

7. 保险电阻

保险电阻（图1.3（h））又叫安全电阻或熔断电阻，是一种兼电阻器和熔断器双重作用的功能元件。

8. 力敏电阻

力敏电阻（图1.3（i））是一种阻值随压力变化而变化的电阻，国外称为压电电阻器。压力电阻效应即半导体材料的电阻率随机械应力的变化而变化的效应。

1.1.2 电阻的识别

在电阻的识读中，主要参数有标称阻值、功率及误差。在电路原理图中，固定电阻通常用大写英文字母"R"表示，可变电阻通常用大写英文字母"W"表示，排阻通常用大写英文字母"RN"表示。

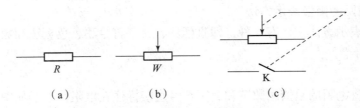

图1.4 各种电阻在电路中的符号

（a）固定电阻；（b）可变电阻；（c）带开关可变电阻

表示电阻值大小的基本单位是欧姆（Ω），简称欧。常用单位还有千欧（kΩ）、兆欧（MΩ）。它们之间的换算关系为

$$1\ \text{M}\Omega = 10^3\ \text{k}\Omega = 10^6\ \Omega$$

1.1.2.1 电阻和电位器的型号命名方法

根据国家标准《电子设备用固定电阻器、固定电容器型号命名》（GB/T 2470—1995）的规定，电阻和电位器的型号由3部分或4部分组成，每部分的含义表示如图1.5所示。

贴片式电阻器的型号命名一般由6部分组成，具体每部分的含义表示如图1.6所示。

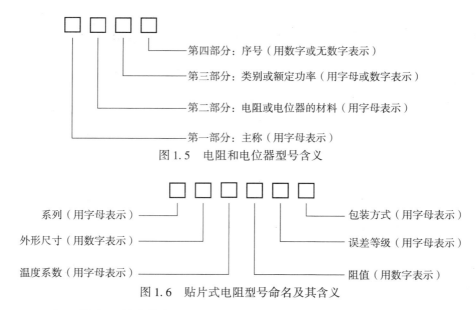

图1.5 电阻和电位器型号含义

图1.6 贴片式电阻型号命名及其含义

1.1.2.2 电阻的主要技术指标

1. 额定功率

电阻在电路中长时间连续工作而不损坏，或不显著改变其性能所允许消耗的最大功率称为电阻的额定功率。电阻的额定功率主要有0.125 W、0.25 W、0.5 W、1 W、2 W、3 W、4 W等。

2. 标称阻值

标称阻值通常是指电阻体表面标注的电阻值，简称阻值。根据国家标准，常用的标称电阻值系列有E24、E12和E6系列，也适用于电位器和电容器。

1.1.2.3 电阻的阻值表示方法

电阻的阻值表示方法主要有4种，即直标法、文字符号法、色标法和数码法。对这4种表示方法介绍如下。

1. 直标法

直标法就是将电阻的阻值用数字和文字符号直接标注在电阻体上，如图1.7（a）所示。例如，电阻体上标注20W6R8J，如图1.8所示。

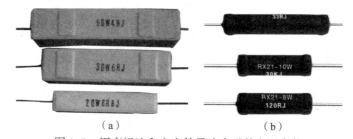

图1.7 用直标法和文字符号法表示的电阻实物
（a）直标法；（b）文字符号法

2. 文字符号法

文字符号法是将电阻的标称值和误差用数字和文字符号按一定的规律组合标识在电阻体

上，如图1.7（b）所示。

例如，电阻体上标注 RJ71-0.125-5k1-Ⅱ，如图1.9所示。

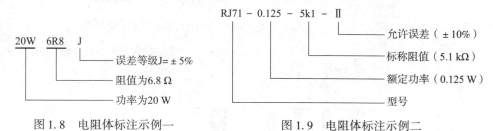

图1.8　电阻体标注示例一　　　　图1.9　电阻体标注示例二

电阻器阻值允许误差与字母对照表见表1.1。

表1.1　电阻器阻值允许误差与字母对照表

字母	允许误差/%
W	±0.05
B	±0.1
C	±0.25
D	±0.5
F	±1
G	±2
J 或 I	±5
K 或 Ⅱ	±10
M 或 Ⅲ	±20
N	±30

3. 色标法

色标法是将电阻的类别及主要技术参数的数值用颜色（色环或色点）标注在它的外表面。色环电阻可分为三环、四环、五环3种标法，如图1.10、图1.11所示。

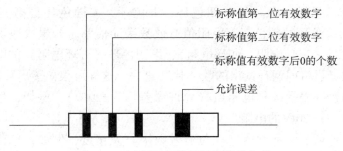

图1.10　四色环电阻每环代表的含义

色环电阻的环色、环数与代表数字对应一览表见表1.2。

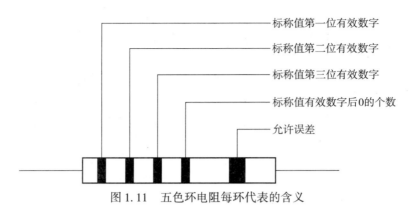

图 1.11 五色环电阻每环代表的含义

表 1.2 色环电阻的环色、环数与代表数字对应一览表

颜色	一环	二环	三环	四环	五环
棕	1	1	1	10^1	±1%
红	2	2	2	10^2	±2%
橙	3	3	3	10^3	
黄	4	4	4	10^4	
绿	5	5	5	10^5	±0.5%
蓝	6	6	6	10^6	±0.25%
紫	7	7	7	10^7	±0.1%
灰	8	8	8	10^8	
白	9	9	9	10^9	
黑		0	0	10^0	
金				10^{-1}	±5%
银				10^{-2}	±10%

快速识别色环电阻的要点是熟记色环所代表的数字含义。为方便记忆，将色环代表的数值总结如下：1 棕 2 红 3 为橙，4 黄 5 绿 6 为蓝，7 紫 8 灰 9 为白，最后一个 0 为黑，尾环金 5 银 10 为误差。

色环电阻无论是采用三色环还是四色环、五色环，关键色环是第三色环或第四色环（即尾色环），因为该色环的颜色代表电阻值有效数字的倍率。若想快速识别色环电阻，关键在于根据第三色环（三环电阻、四环电阻）、第四色环（五环电阻）的颜色把阻值确定在某一数量级范围内，再将前两环读出的数"代"进去，这样可很快读出数来。

三色环电阻的色环表示标称电阻值（允许误差均为±20%），例如，色环为棕黑红，表示 10×10^2 Ω = 1.0 kΩ ±20% 的电阻。

四色环电阻的色环表示标称值（两位有效数字）及精度，例如，色环为棕绿橙金，表示 15×10^3 Ω = 15 kΩ ±5% 的电阻。

五色环电阻的色环表示标称值（三位有效数字）及精度，例如，色环为红紫绿黄棕，表示 275×10^4 Ω = 2.75 MΩ ±1% 的电阻。

一般四色环和五色环电阻表示允许误差的色环的特点是,该色环距离其他环的距离较远。较标准的应是表示允许误差的色环宽度是其他色环的 1.5~2 倍。在五环电阻中,棕色环常常既用作误差环又用作有效数字环,且常常在第一环和最后一环中同时出现,使人很难识别哪一环是第一环,哪一环是误差环。在实践中,可以按照色环之间的距离加以判别,通常第四色环和第五色环(即误差环、尾环)之间的距离要比第一色环和第二色环之间的距离宽些,根据此特点可判定色环的排列顺序。如果靠色环间距仍无法判定色环顺序,还可以利用电阻的生产序列值加以判别。

4. 数码法

数码法是指在电阻体的表面用 3 位数字或两位数字加 R 来表示标称值的方法。该方法常用于贴片电阻、排阻等。

1)3 位数字标注法(图 1.12)

标注为 "204" 的电阻,阻值为 $20 \times 10^4 = 200 \text{ k}\Omega$。

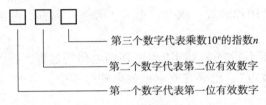

图 1.12 3 位数字标注法每位数字代表的含义

2)两位数字后加 R 标注法(图 1.13)

标注为 "47R" 的电阻,电阻值为 $4.7 \text{ }\Omega$。

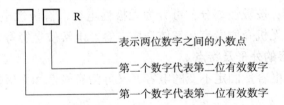

图 1.13 两位数字后加 R 标注法每位数字代表的含义

3)两位数字中间加 R 标注法(图 1.14)

标注为 "7R6" 的电阻,阻值为 $7.6 \text{ }\Omega$。

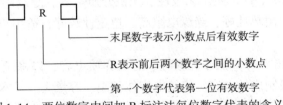

图 1.14 两位数字中间加 R 标注法每位数字代表的含义

4)4 位数字标注法(图 1.15)

标注为 "4653" 的电阻,阻值为 $465 \times 10^3 = 465 \text{ k}\Omega$。

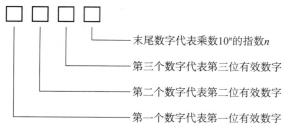

图 1.15　4 位数字标注法每位数字代表的含义

1.2　电　　容

电容器通常简称为电容，也是最常用的电子元器件之一。电容是衡量导体储存电荷能力的物理量，在电路中，常用作滤波、耦合、振荡、旁路、隔直、调谐、计时等。其基本特性如下。

（1）电容两端的电压不能突变。向电容中存储电荷的过程，称为"充电"；而电容中电荷消失的过程，称为"放电"，电容在充电或放电的过程中，其两端的电压不能突变，即有一个时间的延续过程。

（2）电容的作用是隔直流，通交流，阻低频，通高频。

1.2.1　电容的分类

电容种类繁多，电容的分类方式有多种。按容量是否可调划分，可分为固定电容器、可变电容器、微调电容器；按极性划分，可分为无极性电容、有极性电容；按介质材料划分，可分为有机介质电容、无机介质电容、气体介质电容、电解质电容等。

1.2.1.1　固定电容的外形及特点

固定电容指制成后电容量固定不变的电容，又分为有极性和无极性两种。

1. 纸介电容

纸介电容（图 1.16（a））制造工艺简单、价格低、体积大、损耗大、稳定性差，并且存在较大的固有电感，不宜在频率较高的电路中使用。

2. 瓷介电容

瓷介电容（图 1.16（b））属于无极性、无机介质电容，是以陶瓷材料为介质制作的电容。瓷介电容体积小、耐热性好、绝缘电阻高、稳定性较好，适用于高低频电路。

3. 涤纶电容

涤纶电容（图 1.16（c））属于无极性、有机介质电容，以涤纶薄膜为介质，是以金属箔或金属化薄膜为电极制成的电容。涤纶电容体积小、容量大、成本较低，绝缘性能好，耐热、耐压和耐潮湿的性能都很好，但稳定性较差，适用于稳定性要求不高的电路。

4. 玻璃釉电容

玻璃釉电容（图 1.16（d））属于无极性、无机介质电容，使用的介质一般是玻璃釉粉压制的薄片，通过调整釉粉的比例，可以得到不同性能的电容。玻璃釉电容介电系数大、耐高温、抗潮湿、损耗低。

5. 云母电容

云母电容（图 1.16（e））属于无极性、无机介质电容，以云母为介质，具有损耗小、绝缘电阻大、温度系数小、电容量精度高、频率特性好等优点，但成本较高、电容量小，适用于高频线路。

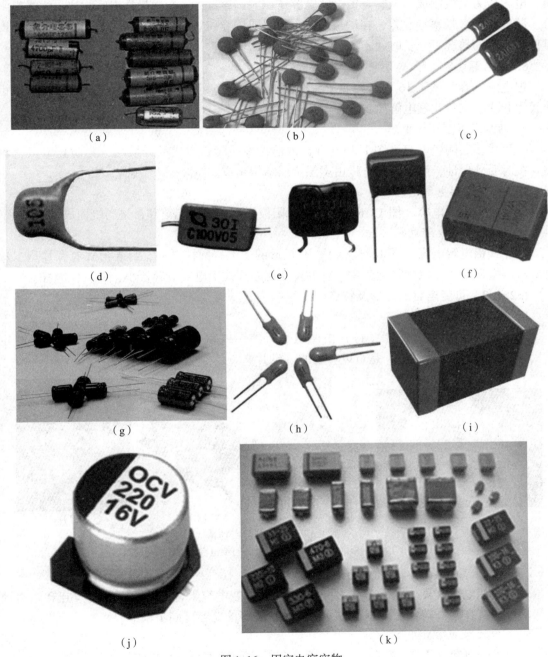

图 1.16 固定电容实物

（a）纸介电容；（b）磁介电容；（c）涤纶电容；（d）玻璃釉电容；（e）云母电容；（f）薄膜电容；（g）铝电解电容；（h）钽电解电容；（i）贴片式多层陶瓷电容；（j）贴片式铝电解电容；（k）贴片式钽电解电容

6. 薄膜电容

薄膜电容（图1.16（f））属于无极性、有机介质电容。薄膜电容是以金属箔或金属化薄膜作电极，以聚乙酯、聚丙烯、聚苯乙烯或聚碳酸酯等塑料薄膜为介质制成。

7. 铝电解电容

铝电解电容（图1.16（g））属于有极性电容，以铝箔为正极、铝箔表面的氧化铝为介质、电解质为负极制成的电容。铝电解电容体积大、容量大，与无极性电容相比，绝缘电阻低、漏电流大、频率特性差、容量与损耗会随周围环境和时间的变化而变化，特别是当温度过低或过高的情况下，长时间不用还会失效。

8. 钽电解电容

钽电解电容（图1.16（h））属于有极性电容，是以钽金属片为正极、其表面的氧化钽薄膜为介质、二氧化锰电解质为负极制成的电容。

9. 贴片式多层陶瓷电容

贴片式多层陶瓷电容（图1.16（i））内部为多层陶瓷组成的介质层，为防止电极材料在焊接时受到侵蚀，两端头外电极由多层金属结构组成。

10. 贴片式铝电解电容

贴片式铝电解电容（图1.16（j））是由阳极铝箔、阴极铝箔和衬垫卷绕而成的。

11. 贴片式钽电解电容

贴片式铝电解电容（图1.16（k））有矩形的，也有圆柱形的，封装形式有裸片型、塑封型和端帽型3种，以塑封型为主。它的尺寸比贴片式铝电解电容器小，并且性能好。

1.2.1.2 可变电容的外形及特点

1. 单联可变电容

单联可变电容（图1.17（a））由两组平行的铜或铝金属片组成，一组是固定的（定片），另一组固定在转轴上，是可以转动的（动片）。

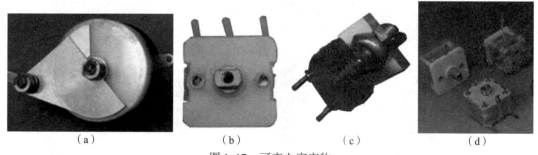

图1.17 可变电容实物
（a）单联可变电容；（b）双联可变电容；（c）空气可变电容；（d）有机薄膜可变电容

2. 双联可变电容

双联可变电容（图1.17（b））是由两个单联可变电容组合而成，有两组定片和两组动片，动片连接在同一转轴上。调节时，两个可变电容的电容量同步调节。

3. 空气可变电容

空气可变电容（图1.17（c））的定片和动片之间的电介质是空气。

4. 有机薄膜可变电容

有机薄膜可变电容（图1.17（d））的定片和动片之间填充的电介质是有机薄膜。其特点是体积小、成本低、容量大、温度特性较差等。

1.2.1.3 微调电容的外形及特点

微调电容又叫半可调电容，电容量可在小范围内调节。微调电容分为通孔式微调电容（图1.18(a)）和贴片式微调电容（图1.18(b)）。

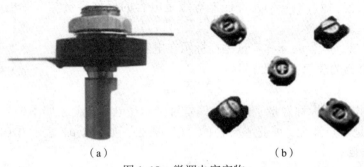

图1.18 微调电容实物
(a) 通孔式微调电容；(b) 贴片式微调电容

1.2.2 电容的识别

在电路原理图中电容用字母"C"表示，常用电容在电路原理图中的符号如图1.19所示。

表示电容量大小的基本单位是法拉（F），简称法。常用单位还有毫法（mF）、微法（μF）、纳法（nF）、皮法（pF）。它们之间的换算关系为

$1\ mF = 10^{-3}\ F$

$1\ \mu F = 10^{-3}\ mF = 10^{-6}\ F$

$1\ nF = 10^{-3}\ \mu F = 10^{-6}\ mF = 10^{-9}\ F$

$1\ pF = 10^{-3}\ nF = 10^{-6}\ \mu F = 10^{-9}\ mF = 10^{-12}\ F$

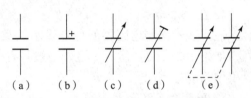

图1.19 各种电容在电路中的符号
(a) 普通电容；(b) 电解电容；(c) 可变电容；
(d) 微调电容；(e) 双联可变电容

1.2.2.1 电容的型号命名法

电容器的型号命名一般由四部分组成，每部分的含义表示如图1.20所示。

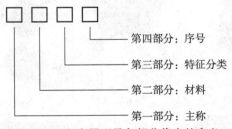

图1.20 电容器型号各部分代表的含义

(1) CD–11：铝电解电容（箔式），序号为11。
(2) CC1–1：圆片形瓷介电容，序号为1。
(3) CZJX：纸介金属膜电容，序号为X。

1.2.2.2 电容的主要技术指标

（1）耐压值。电容的耐压值是指在允许环境温度范围内，电容长期安全工作所能承受的最大电压的有效值。常用固定式电容的直流工作电压系列为 6.3 V、10 V、16 V、25 V、40 V、63 V、100 V、160 V、250 V、400 V、500 V、630 V、1 000 V。

（2）允许误差等级。电容的允许误差等级是电容的标称容量与实际电容量的最大允许偏差范围。

（3）标称容量。电容的标称容量是指标示在电容表面的电容量。

1.2.2.3 电容的表示方法

1. 直标法

直标法是将电容的标称容量、耐压及偏差直接标在电容体上，如图 1.21（a）所示，如 4700μF25V。若是零点零几，常把整数位的"0"省去，如 .01 μF 表示 0.01 μF。

2. 数字表示法

数字表示法是只标数字不标单位的直接表示法，如图 1.21（b）所示。采用此种方法的仅限于单位为 pF 和 nF 两种，一般无极性电容默认单位为 pF，电解电容默认单位为 nF。

3. 数码表示法

数码表示法一般用 3 位数字表示容量的大小，单位为 pF，如图 1.21（c）所示。其中前两位为有效数字，后一位表示倍率，即乘以 10^n，n 为第三位数字，若第三位数字为 9，则乘 10^{-1}。

4. 色码表示法

色码表示法与电阻器的色环表示法类似，颜色被涂于电容器的一端或从顶端向引线排列，如图 1.21（d）所示。色码一般只有 3 种颜色，前两环为有效数字，第三环为倍率，容量单位为 pF。

5. 字母数字混合表示法

字母数字混合表示法用 2~4 位数字和一个字母表示标称容量，其中数字表示有效数值，字母表示数值的单位，如图 1.21（e）所示。字母有时既表示单位也表示小数点。

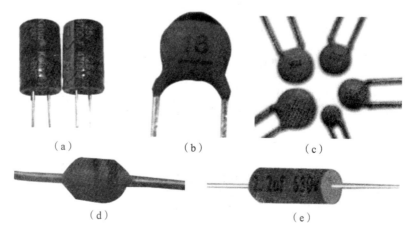

图 1.21 采用各种表示方法的电容实物
（a）直标法；（b）数字表示法；（c）数码表示法；
（d）色码表示法；（e）字母数字混合表示法

1.2.2.4 极性电容识别

有极性电容一般为铝电解电容和钽电解电容。

1. 通孔式（插针式）极性电容的识别

通孔式有极性电容（图1.22（a））引线较长的为正极，若根据引线无法判别，则根据标记判别，铝电解电容标记负号一边的引线为负极，钽电解电容正极引线有标记。

2. 贴片式有极性电容

（1）贴片式有极性铝电解电容（图1.22（b））的顶面有一黑色标志，是负极性标记，顶面还有电容容量和耐压值。

（2）贴片式有极性钽电解电容（图1.22（c））的顶面有一条黑色线或白色线，是正极性标记，顶面上还有电容容量代码和耐压值。

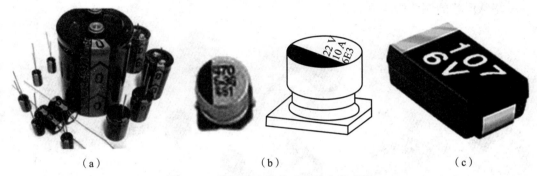

(a)　　　　　　　　　(b)　　　　　　　　　(c)

图1.22　通孔式和贴片式极性电容实物

(a) 通孔式有极性电容；(b) 贴片式有极性铝电解电容；(c) 贴片式有极性钽电解电容

1.3 电　　感

电感器，简称电感，是将电能转换为磁能并储存起来的元件，在电子系统和电子设备中必不可少。其基本特性为通低频、阻高频、通直流、阻交流。电感在电路中主要用于耦合、滤波、缓冲、反馈、阻抗匹配、振荡、定时、移相等。

1.3.1 电感的分类

电感总体上可以归为两大类：一类是自感线圈或变压器；另一类是互感变压器。

1.3.1.1 电感线圈的外形及特点

电感线圈有小型固定电感线圈、空心线圈、扼流圈、可变电感线圈、印制电感器等。

1. 小型固定电感线圈

小型固定电感线圈（图1.23（a））是将线圈绕制在软磁铁氧体的基础上，然后再用环氧树脂或塑料封装起来制成。小型固定电感线圈外形结构主要有立式和卧式两种。

2. 空心线圈

空心线圈（图1.23（b））是用导线直接绕制在骨架上而制成。线圈内没有磁芯或铁芯，通常线圈绕的匝数较少，电感量小。

3. 扼流圈

扼流圈常有低频扼流圈（图1.23（c））和高频扼流圈两大类（图1.23（d））。

（1）低频扼流圈。

低频扼流圈又称滤波线圈，一般由铁芯和绕组等构成。

（2）高频扼流圈。

高频扼流圈用在高频电路中，主要是阻碍高频信号的通过。

4. 可变电感线圈

可变电感线圈（图1.23（e））通过调节磁芯在线圈内的位置来改变电感量。

5. 印制电感器

印制电感器（图1.23（f））又称微带线，常用在高频电子设备中，它是由印制电路板上一段特殊形状的铜箔构成。

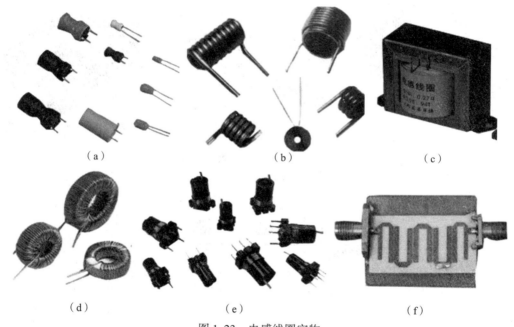

图1.23　电感线圈实物

(a) 小型固定电感线圈；(b) 空心线圈；(c) 低频扼流圈；
(d) 高频扼流圈；(e) 可变电感线圈；(f) 印制电感器

1.3.1.2　变压器的分类、外形及特点

变压器按工作频率可分为低频变压器、中频变压器和高频变压器。变压器按磁芯材料不同，可分为高频、低频和整体磁芯3种。

1. 低频变压器

低频变压器（图1.24（a））用来传输信号电压和信号功率，还可实现电路之间的阻抗匹配，对直流电具有隔离作用。低频变压器又可分为音频变压器和电源变压器两种；音频变压器又分为级间耦合变压器、输入变压器和输出变压器，外形均与电源变压器相似。

2. 中频变压器

中频变压器（图1.24（b））俗称中周，是超外差式收音机和电视机中的重要组件。

3. 高频变压器

高频变压器（图1.24（c））可分为耦合线圈和调谐线圈两大类。

4. 脉冲变压器

脉冲变压器（图1.24（d））用于各种脉冲电路中，其工作电压、电流等均为非正弦脉冲波。常用的脉冲变压器有电视机的行输出变压器、行推动变压器、开关变压器、电子点火器的脉冲变压器、臭氧发生器的脉冲变压器等。

5. 自耦变压器

自耦变压器（图1.24（e））的绕组为有抽头的一组线圈，其输入端和输出端之间有电的直接联系，不能隔离为两个独立部分。

6. 隔离变压器

隔离变压器（图1.24（f））的主要作用是隔离电源、切断干扰源的耦合通路和传输通道，其一次、二次绕组的匝数比（即变压比）等于1。它又分为电源隔离变压器和干扰隔离变压器。

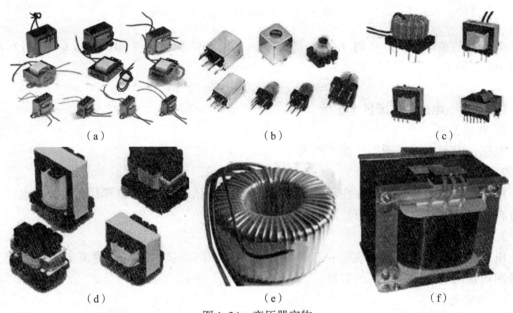

图1.24 变压器实物
(a) 低频变压器；(b) 中频变压器；(c) 高频变压器；
(d) 脉冲变压器；(e) 自耦变压器；(f) 隔离变压器

1.3.1.3 贴片式电感的外形及特点

与贴片式电阻、电容不同的是，贴片式电感的外观形状多种多样（图1.25），有的贴片式电感很大，从外观上很容易判断，有的贴片式电感的外观形状和贴片式电阻、贴片式电容相似，很难判断，此时只能借助万用表来判断。

1.3.2 电感的识别

在电路原理图中，电感常用符号"L"或"T"表示，不同类型的电感在电路原理图中通常采用不同的符号来表示，如图1.26所示。

图1.25　贴片式电感实物

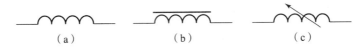

图1.26　各种电感在电路中的符号
(a) 空心电感；(b) 铁芯电感；(c) 空心可调电感

电感量的基本单位是亨利（H），简称亨，常用单位有毫亨（mH）、微亨（μH）和纳亨（nH），它们之间的换算关系为

$$1\ \text{H} = 10^3\ \text{mH} = 10^6\ \mu\text{H} = 10^9\ \text{nH}$$

1.3.2.1　电感的主要技术指标

1. 电感量

电感量表示电感线圈工作能力的大小。

2. 固有电容

线圈绕组的匝与匝之间存在着分布电容，多层绕组层与层之间也都存在着分布电容，这些分布电容可以等效成一个与线圈并联的电容 C_0。

3. 品质因数 Q

电感的品质因数 Q 表示在某一工作频率下，线圈的感抗对其等效直流电阻的比值，它是线圈质量的一个非常重要的参数。

4. 额定电流

线圈中允许通过的最大电流。

5. 线圈的损耗电阻

即线圈的直流损耗电阻。

1.3.2.2　电感的表示方法

电感的表示方法与电阻的表示方法一样，也有4种，分别是直标法、文字符号法、色标法和数码法。

1. 直标法

直标法（图1.27（a））是将电感的标称电感量用数字和文字符号直接标在电感体上，电感量单位后面的字母表示偏差。

2. 文字符号法

文字符号法（图1.27（b））是将电感的标称值和偏差值用数字和文字符号法按一定的

规律组合标示在电感体上。采用文字符号法表示的电感通常是一些小功率电感，单位通常为 nH 或 μH。用 μH 作单位时，"R"表示小数点；用"nH"作单位时，"N"表示小数点。

3. 色标法

色标法（图 1.27（c））是在电感表面涂上不同的色环来代表电感量（与电阻类似），通常用 3 个或 4 个色环表示。识别色环时，紧靠电感体一端的色环为第一环，露出电感体本色较多的另一端为末环。注意：用这种方法读出的色环电感量，默认单位为微亨（μH）。

4. 数码法

数码法（图 1.27（d））是用 3 位数字来表示电感量的方法，常用于贴片电感上。3 位数字中，从左至右的第一、第二位为有效数字，第三位数字表示有效数字后面所加"0"的个数。注意：用这种方法读出的色环电感量，默认单位为微亨（μH）。如果电感量中有小数点，则用"R"表示，并占一位有效数字，如标示为"330"的电感为 $33 \times 10^0 = 33$ μH。

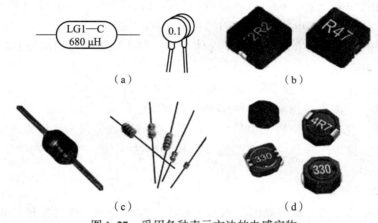

图 1.27　采用各种表示方法的电感实物
（a）直标法；（b）文字符号法；（c）色标法；（d）数码法

1.4　半导体二极管

半导体器件是在 20 世纪 50 年代初发展起来的电子器件，它具有体积小、质量轻、使用寿命长、输入功率小等优点。本节主要介绍本征半导体、杂质半导体、P 型和 N 型半导体的特征及 PN 结的形成过程；二极管的伏安特性及其分类、用途。

1.4.1　半导体的基本知识

1.4.1.1　半导体的定义及特性

1. 导体、绝缘体和半导体

物质按导电性能可分为导体、绝缘体和半导体。物质的导电特性取决于原子结构。

1）导体

导体一般为低价元素，如铜、铁、铝等金属，其最外层电子受原子核的束缚力很小，因而极易挣脱原子核的束缚成为自由电子。因此，在外电场作用下，这些电子产生定向运动（称为漂移运动）形成电流，呈现出较好的导电特性。自然界中很容易导电的物质称为导体，金属一般都是导体。

2）绝缘体

高价元素（如惰性气体）和高分子物质（如橡胶、塑料）的最外层电子受原子核的束缚力很强，极不易摆脱原子核的束缚成为自由电子，所以其导电性极差，可作为绝缘材料。

3）半导体

半导体的最外层电子数一般为4个，既不像导体那样极易摆脱原子核的束缚，成为自由电子，也不像绝缘体那样被原子核束缚得那么紧。因此，半导体的导电特性介于二者之间。常用的半导体材料有硅、锗、硒等。

2. 半导体的独特性能

金属导体的电导率一般在 10^5 S/cm 量级；塑料、云母等绝缘体的电导率通常在 $10^{-22} \sim 10^{-14}$ S/cm 量级；半导体的电导率则在 $10^{-9} \sim 10^2$ S/cm 量级。

半导体的导电能力虽然介于导体和绝缘体之间，但半导体的应用却极其广泛，这是由半导体的独特性能决定的。

（1）光敏性。半导体受光照后，其导电能力大大增强。

（2）热敏性。受温度的影响，半导体导电能力变化很大。

（3）掺杂性。在半导体中掺入少量特殊杂质，其导电能力极大地增强。

半导体材料的独特性能是由其内部的导电机理所决定的。这3个性质是半导体的三大特性。

1.4.1.2 本征半导体

本征半导体是纯净的、具有晶体结构的半导体。常用的半导体材料是硅和锗，它们都是4价元素，在原子结构中最外层轨道上有4个价电子。

1. 本征半导体的结构特点

现代电子学中，用得最多的半导体是硅和锗，它们的最外层电子（价电子）都是4个，如图1.28所示。

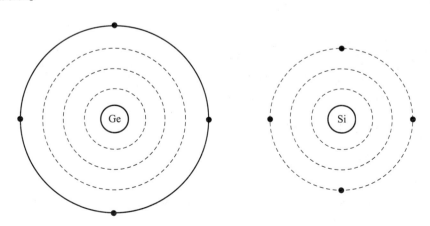

图1.28 硅和锗的原子结构示意图

通过一定的工艺过程，可以将半导体制成晶体。把硅或锗材料制成单晶体时，相邻两个原子的一对最外层电子（价电子）成为共有电子，它们一方面围绕自身的原子核运动，另一方面又出现在相邻原子所属的轨道上。

在硅和锗晶体中，原子按四角形系统组成晶体点阵，如图1.29所示。每个原子都处在正四面体的中心，而其他4个原子位于四面体的顶点，每个原子与其相邻的原子之间形成共价键，共用一对价电子。价电子不仅受到自身原子核的作用，同时还受到相邻原子核的吸引。于是，两个相邻的原子共用一对价电子，组成共价键结构。因此，在晶体中，每个原子都和周围的4个原子用共价键的形式互相紧密地联系起来，如图1.30所示。

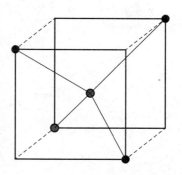

图1.29　硅和锗的晶体结构

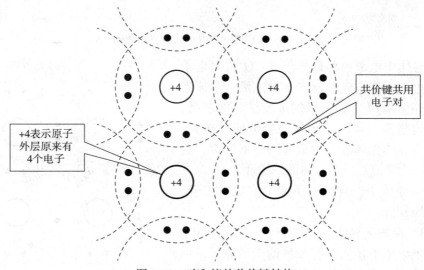

图1.30　硅和锗的共价键结构

形成共价键后，每个原子的最外层电子是8个，形成稳定结构。共价键有很强的结合力，使原子规则排列，形成晶体。共价键中的两个电子被紧紧束缚在共价键中，称为束缚电子。在常温下，束缚电子很难脱离共价键成为自由电子。因此，本征半导体中的自由电子很少，导电能力很弱。

2．本征半导体的导电机理

1）载流子、自由电子和空穴

在绝对零度（-273 ℃）和没有外界激发时，价电子完全被共价键束缚着，本征半导体中没有可以运动的带电粒子（即载流子），不能导电，相当于绝缘体。

在常温下，由于热激发，使一些价电子获得足够的能量而脱离共价键的束缚，成为自由电子，同时共价键上留下一个空位，称为空穴，如图1.31所示。

2）导电机理

本征半导体中两种载流子的数量相等，称为自由电子空穴对。在外界因素的作用下，空穴吸引附近的电子来填补，结果相当于空穴的迁移，效果相当于正电荷的移动，因此可以认为空穴是载流子，能定向移动而形成电流，如图1.32所示。

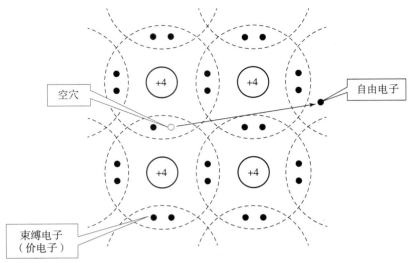

图 1.31 硅和锗的价电子热激发示意图

本征半导体中电流由两部分组成：①自由电子移动产生的电流；②空穴移动产生的电流。本征半导体的导电能力取决于载流子的浓度。温度越高，载流子的浓度越高，本征半导体的导电能力越强。温度是影响半导体性能的一个重要的外部因素，这是半导体的一大特点——半导体的热敏性。

在本征半导体中，自由电子和空穴成对出现，同时又不断地复合。

1.4.1.3 杂质半导体

在本征半导体中掺入某些微量的杂质原子，形成杂质半导体。杂质半导体的导电性能将发生显著变化，其原因是掺杂半导体的某种载流子浓度大大增加。

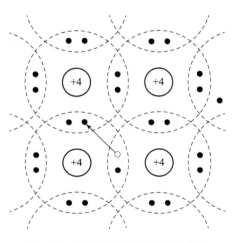

图 1.32 硅和锗的导电机理示意图

N 型半导体：自由电子浓度大大增加的杂质半导体，也称为电子型半导体。

P 型半导体：空穴浓度大大增加的杂质半导体，也称为空穴型半导体。

1. N 型半导体

在本征半导体中，掺入微量 5 价元素，如磷、锑、砷等，则原来晶格中的某些硅（锗）原子被杂质原子代替。由于杂质原子的最外层有 5 个价电子，因此它与周围 4 个硅（锗）原子组成共价键时，还多余一个价电子。它不受共价键的束缚，而只受自身原子核的束缚，因此，它只要得到较少的能量就能成为自由电子，这样磷原子就成了不能移动的带正电的离子，本征半导体电子和空穴成对出现的现象也被打破，如图 1.33 所示。显然，这种杂质半导体中电子浓度远远大于空穴的浓度，主要靠电子导电，所以称为 N 型半导体。

N 型半导体中的载流子有两种：①由磷原子提供的电子，浓度与磷原子相同；②本征半导体中成对产生的电子和空穴。

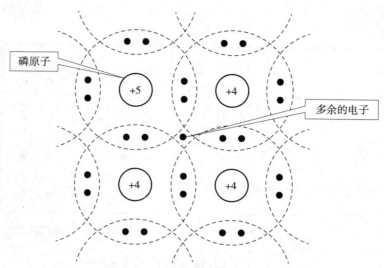

图1.33 N型半导体的结构示意图

一般情况下,掺杂浓度远大于本征半导体中载流子浓度,所以,自由电子浓度远大于空穴浓度。在N型半导体中,自由电子称为多数载流子(多子),空穴称为少数载流子(少子)。

2. P型半导体

在本征半导体中,掺入少量的3价元素,如硼、铝、铟等,就得到P型半导体。这时杂质原子替代了晶格中的某些硅原子,它的3个价电子和相邻的4个硅原子组成共价键时,只有3个共价键是完整的,第四个共价键因缺少一个价电子而出现一个空位,这个空位可能吸引束缚电子来填补,使得硼原子成为不能移动的带负电的离子,如图1.34所示。显然,这种杂质半导体中空穴浓度远远大于电子的浓度,主要靠空穴导电,所以称为P型半导体。

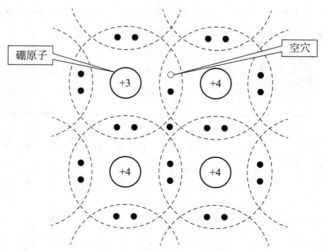

图1.34 P型半导体的结构示意图

在P型半导体中,空穴是多子,电子是少子。

3. P型、N型半导体的简化示意图

P型半导体:空穴称为多数载流子;自由电子称为少数载流子,载流子数≈空穴数,如图1.35(a)所示。

N 型半导体：自由电子称为多数载流子；空穴称为少数载流子，载流子数≈电子数，如图 1.35（b）所示。

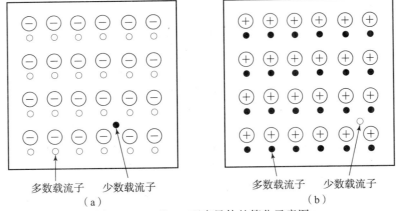

图 1.35　P 型、N 型半导体的简化示意图
（a）P 型；（b）N 型

1.4.2　PN 结的形成与特性

1. PN 结的形成

1）载流子的浓度差引起多子的扩散

在一块完整的晶片上，通过一定的掺杂工艺，一边形成 P 型半导体，另一边形成 N 型半导体。P 型半导体和 N 型半导体有机地结合在一起时，因为 P 区一侧空穴多，N 区一侧电子多，所以在它们的界面处存在空穴和电子的浓度差。于是 P 区中的空穴会向 N 区扩散，并在 N 区被电子复合。而 N 区中的电子也会向 P 区扩散，并在 P 区被空穴复合。这样，在 P 区和 N 区分别留下了不能移动的负离子和正离子。上述过程如图 1.36 所示。结果在界面的两侧形成了由等量正、负离子组成的空间电荷区，如图 1.37 所示。

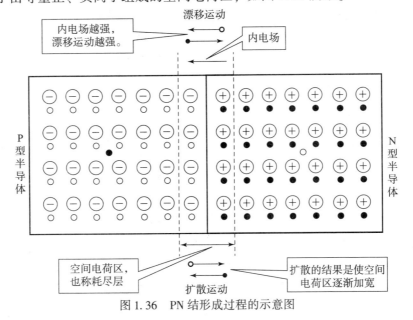

图 1.36　PN 结形成过程的示意图

2）复合使交界面形成空间电荷区（耗尽层）

空间电荷区的特点：无载流子，阻止扩散进行，利于少子的漂移。

3）扩散和漂移达到动态平衡

扩散电流等于漂移电流，总电流 $I=0$。

当扩散和漂移这一对相反的运动最终达到平衡时，相当于两个区之间没有电荷运动，空间电荷区的厚度固定不变。

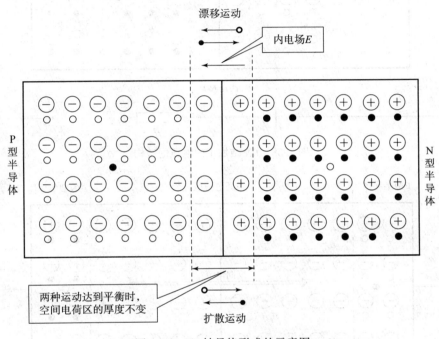

图 1.37　PN 结最终形成的示意图

2. PN 结的单向导电性

在 PN 结两端外加电压，称为给 PN 结加偏置电压。

1）PN 结正向偏置（正偏）

给 PN 结加正向偏置电压，即 P 区接电源正极，N 区接电源负极，此时称 PN 结为正向偏置（简称正偏），如图 1.38 所示。由于外加电源产生的外电场的方向与 PN 结产生的内电场方向相反，削弱了内电场，使 PN 结变薄，有利于两区多数载流子向对方扩散，多子扩散形成正向电流（与外电场方向一致）I_F，此时 PN 结处于正向导通状态。

2）PN 结反向偏置（反偏）

给 PN 结加反向偏置电压，即 N 区接电源正极，P 区接电源负极，称 PN 结反向偏置（简称反偏），如图 1.39 所示。由于外加电场与内电场的方向一致，因而加强了内电场，使 PN 结加宽，阻碍了多子的扩散运动。在外电场的作用下，只有少数载流子形成的很微弱的电流 I_R，称为反向电流。

注： 少数载流子是由于热激发产生的，与外加反压的大小无关，因而 PN 结的反向电流受温度影响很大。

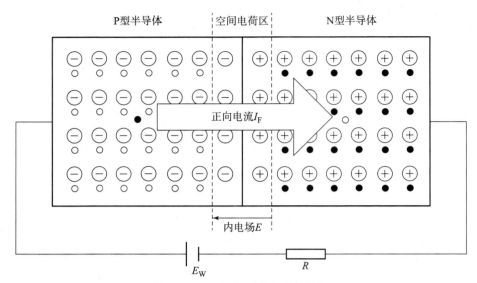

图 1.38　PN 结加正向电压的结构

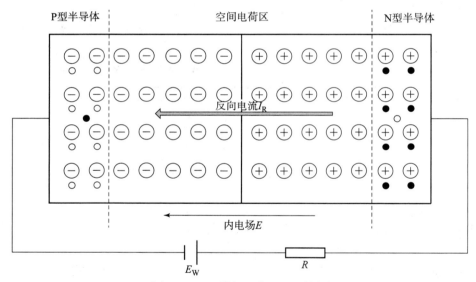

图 1.39　PN 结加反向电压的结构

1.4.3　二极管的结构与符号

1. 半导体二极管的基本结构

在 PN 结加上管壳和引线，就成为一个半导体二极管。由 P 区引出的电极称为阳极，由 N 区引出的电极称为阴极。从制造材料上分，二极管可分为硅二极管和锗二极管；按结构分，二极管可分为点接触型（图 1.40（a））、面接触型（图 1.40（b））和平面型三大类。

点接触型二极管 PN 结面积小，因而其结电容小，常用于高频检波和小功率整流电路中。面接触型二极管 PN 结面积大，因而允许流过较大的电流，但只能工作在低频率下，可用于整流电路。此外，还有开关管，适用于脉冲数字电路中。

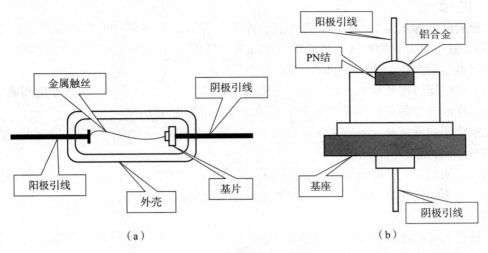

图1.40 二极管的结构
(a) 点接触型;(b) 面接触型

2. 二极管的符号

二极管在电路中的符号如图 1.41 所示。

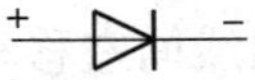

图 1.41 二极管在电路中的符号

1.4.4 二极管的特性与参数

1. 二极管伏安特性曲线

半导体二极管的核心是 PN 结,它的特性就是 PN 结的特性,即单向导电性。常利用伏安特性曲线来形象地描述二极管的单向导电性。

若以电压为横坐标、电流为纵坐标,用作图法把电压、电流的对应值用平滑的曲线连接起来,就构成二极管的伏安特性曲线,如图 1.42 所示。

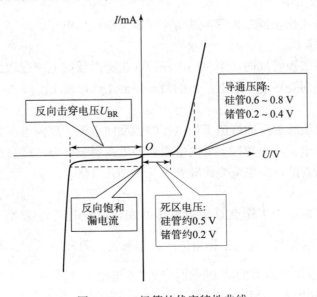

图 1.42 二极管的伏安特性曲线

1）正向特性

二极管两端加正向电压时，就产生正向电流，当正向电压较小时，正向电流极小（几乎为零），这一部分称为死区，相应的电压称为死区电压或门槛电压（也称阈值电压）。硅管的死区电压约为 0.5 V，锗管的死区电压约为 0.2 V。

当正向电压超过死区电压时，正向电流就会急剧增大，二极管呈现出很小电阻而处于导通状态。这时硅管的正向导通压降为 0.6~0.8 V，锗管为 0.2~0.4 V。

二极管正向导通时，要特别注意它的正向电流不能超过最大值；否则将烧坏 PN 结。

2）反向特性

二极管两端加上反向电压时，在开始很大范围内，二极管相当于非常大的电阻，反向电流很小，且不随反向电压而变化。此时的电流称为反向饱和电流。

3）反向击穿特性

二极管的反向电压加到一定数值时，反向电流急剧增大，这种现象称为反向击穿。此时，对应的电压称为反向击穿电压，用 U_{BR} 表示。

4）温度对特性的影响

由于二极管的核心是一个 PN 结，它的导电性能与温度有关，温度升高时二极管正向特性曲线向左移动，正向压降减小；反向特性曲线向下移动，反向电流增大。

2. 二极管的主要参数

元器件参数是定量描述元器件性能质量和安全工作范围的重要数据，是合理选择和正确使用器件的依据。参数一般可以从产品手册中查到，也可以通过直接测量得到。下面介绍晶体二极管的主要参数及其意义。

1）最大整流电流 I_{DM}

I_{DM} 是指二极管长期使用时，其允许通过的最大正向平均电流。工作时应使平均工作电流小于 I_F，如超过 I_F 则二极管将过热而烧毁。此值取决于 PN 结的面积、材料和散热情况。

2）反向工作峰值电压 U_{BWM}

反向工作峰值电压指保证二极管不被击穿时的反向峰值电压。

3）反向击穿电压 U_{BR}

反向击穿电压指二极管反向击穿时的电压值。击穿时反向电流剧增，二极管的单向导电性被破坏，甚至过热而烧坏。手册上给出的最高反向工作电压 U_{BWM} 一般是 U_{BR} 的一半。

4）反向电流 I_R

反向电流是指二极管加反向峰值工作电压时的反向电流。反向电流大，说明管子的单向导电性差，因此反向电流越小越好。反向电流受温度的影响，温度越高反向电流越大。硅管的反向电流较小，锗管的反向电流要比硅管大几十到几百倍。

5）动态电阻 r_D

r_D 是二极管特性曲线上工作点 Q 附近电压的变化量与电流的变化量之比，反映了二极管正向特性曲线斜率的倒数。r_D 与工作电流的大小有关，即 $r_D = \dfrac{\Delta u_D}{\Delta i_D}$（电压的变化除以电流的变化）。显然，$r_D$ 是对 Q 附近的微小变化区域内的电阻。

6）二极管的极间电容（结电容）

二极管的两极间存在电容效应（当外加电压发生变化时，耗尽层的宽度将随之改变，即 PN 结中存储的电荷量要随之变化,就像电容充放电一样),对应的等效电容由两部分组成,即势垒电容 C_B 和扩散电容 C_D。

势垒电容 C_B:势垒区是积累空间电荷的区域,当电压变化时,就会引起积累在势垒区的空间电荷的变化,这样所表现出的电容是势垒电容。

扩散电容 C_D:为了形成正向电流(扩散电流),注入 P 区的电子在 P 区有浓度差,越靠近 PN 结浓度越大,即在 P 区有电子的积累。同理,在 N 区有空穴的积累。

势垒电容在正偏和反偏时均不能忽略。而反向偏置时,由于少数载流子数目很少,可忽略扩散电容。

从二极管的主要参数中可得出二极管单向导电性失败的场合及原因如下:
(1)正向偏压太低(不足以克服死区电压)。
(2)正向电流太大(会使 PN 结温度过高烧毁)。
(3)反向偏压太高(造成反向击穿)。
(4)工作频率太高(使结电容容抗下降而反向不截止)。

1.4.5 特殊二极管

1. 发光二极管

发光二极管(LED)是一种由磷化镓等半导体材料制成的、能直接将电能转变成光能的发光显示器件,当其内部有一定电流通过时,它就会发光,如图 1.43 所示。

(1)按其使用材料,可分为磷化镓、磷砷化镓、砷化镓、磷铟砷化镓和砷铝化镓发光二极管等。

(2)按其封装结构及封装形式,可分为金属封装、陶瓷封装、塑料封装、树脂封装和无引线表面封装等。

图 1.43 发光二极管
(a)发光二极管实物;
(b)发光二极管在电路中的符号

(3)按其封装外形,可分为圆形、方形、矩形、三角形和组合形等。

(4)塑封发光二极管按管体颜色又分为红色、琥珀色、黄色、橙色、浅蓝色、绿色、黑色、白色、透明无色等多种。圆形发光二极管分为多种规格,它的外径尺寸在 $\phi 2 \sim 20$ mm 之间。

2. 光电二极管

光电二极管是把光信号转换成电信号的光电传感器件。它也是由 PN 结组成的半导体器件,同时也具有单方向导电特性,如图 1.44 所示。

光电二极管应用在消费电子产品,如 CD 播放器、烟雾探测器以及控制电视机、空调的红外线遥控设备中。在科学研究和工业中,常常用来精确测量光强,因为它比其他光导材料具有更好的线性。在医疗设备如 X 射线计算机断层成像及脉搏探测器中应用广泛。

3. 稳压二极管

稳压二极管(又叫齐纳二极管)是一种用硅材料制成的面接触型晶体二极管,如图 1.45 所示。在反向击穿时,端电压在一定的电流范围内几乎不变,表现出稳压特性,直到临界反向击穿电压前都具有很高电阻的半导体器件。

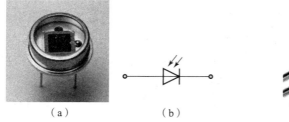

图 1.44 光电二极管
（a）光电二极管实物；
（b）光电二极管在电路中的符号

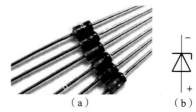

图 1.45 稳压二极管
（a）稳压二极管外观实物；
（b）稳压二极管在电路中的符号

稳压二极管的参数如下：

（1）稳定电压 U_Z。

（2）电压温度系数 α_V（%/℃），稳压值受温度变化影响的系数。

（3）动态电阻 $r_Z = \dfrac{\Delta U_Z}{\Delta I_Z}$。

（4）稳定电流 I_Z，包括最大、最小稳定电流 I_{Zmax}、I_{Zmin}。

（5）最大允许功耗 $P_{ZM} = U_Z I_{Zmax}$。

稳压管只有与适当的电阻连接才能起到稳压作用，这个电阻叫限流电阻，使流经稳压二极管的电流在其安全范围内。

1.5 半导体三极管

三极管具有放大作用，是组成各电子电路的核心器件。三极管的产生使 PN 结的应用发生了质的飞跃。它分为双极型和单极型两种类型。本节主要讨论双极型三极管的结构、工作原理、特性曲线和主要参数。

1.5.1 三极管的结构和符号

双极型三极管是由 3 层杂质半导体构成的器件，由于这类三极管内部的电子载流子和空穴载流子同时参与导电，故称为双极型三极管。它是通过一定的工艺，将两个 PN 结结合在一起的器件，有 3 个电极（标记为 B、C、E 或 b、c、e），所以又称为半导体三极管、晶体三极管等，以后简称为三极管，如图 1.46 至图 1.48 所示。

1. 三极管的分类

（1）按材料分，可分为硅管、锗管。

（2）按结构分，可分为 NPN、PNP。

（3）按使用频率分，可分为高频管、低频管。

（4）按功率分，可分为小功率管（功率小于 500 mW）、中功率管（功率为 500 mW ~ 1 W）、大功率管（功率大于 1 W）。

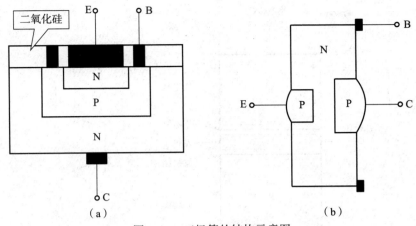

图 1.46 三极管的结构示意图
(a) 平面型(NPN);(b) 合金型(PNP)

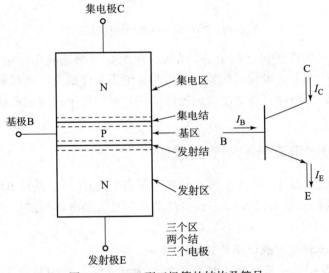

图 1.47 NPN 型三极管的结构及符号

2. 三极管的结构

由两个相互联系的 PN 结构成,其中一个为发射结,另一个为集电结,两个 PN 结将一个三极管划为 3 个区域,各引出一个管脚。常用的三极管的结构有硅平面管和锗合金管两种类型。

3. 三极管实现电流放大的内部和外部要求

三极管若实现放大作用,必须从其内部结构和外部所加电源的极性来保证。

三极管内部结构要求如下:

(1) 发射区掺杂浓度很高,以便有足够的载流子供"发射"。

(2) 为减少载流子在基区的复合机会,基区做得很薄,一般为几个微米,且掺杂浓度较发射极低。

(3) 集电区体积较大,而且为了顺利收集边缘载流子,掺杂浓度很低。

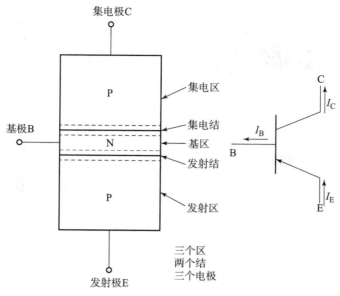

图 1.48 PNP 型三极管的结构及符号

可见，双极型三极管并非是两个 PN 结的简单组合，而是利用一定的掺杂工艺制作而成。因此，绝不能用两个二极管来代替，使用时也绝不允许把发射极和集电极接反。

三极管放大的外部条件：外加电源的极性应使发射结处于正向偏置状态，而集电结处于反向偏置状态。

1.5.2 三极管电流分配和放大原理

三极管是电流放大器件，有 3 个极，分别叫作集电极 C(c)、基极 B(b)、发射极 E(e)，分为 NPN 和 PNP 两种。本节以 NPN 三极管的共发射极放大电路为例，来说明三极管放大电路的基本原理。

1. 放大状态下三极管中载流子的传输过程

当三极管处在发射结正偏、集电结反偏的放大状态下，管内载流子的运动情况可用图 1.49 说明。按传输顺序分为以下几个过程进行描述。

1）发射区向基区注入电子

由于发射结正偏，因而发射结两侧多子的扩散占优势，这时发射区电子源源不断地越过发射结注入基区，形成电子注入电流 I_{EN}。与此同时，基区空穴也向发射区注入，形成空穴注入电流 I_{EP}。因为发射区相对基区是重掺杂，基区空穴浓度远低于发射区的电子浓度，所以满足 $I_{EP} \ll I_{EN}$，可忽略不计。因此，发射极电流 $I_E \approx I_{EN}$，其方向与电子注入方向相反。

2）电子在基区中边扩散边复合

注入基区的电子，成为基区中的非平衡少子，它在发射结处浓度最大，而在集电结处浓度最小（因集电结反偏，电子浓度近似为零）。因此，在基区中形成了非平衡电子的浓度差。在该浓度差作用下，注入基区的电子将继续向集电结扩散。在扩散过程中，非平衡电子会与基区中的空穴相遇，使部分电子因复合而失去。但由于基区很薄且空穴浓度又低，所以被复合的电子数极少，而绝大部分电子都能扩散到集电结边沿。基区中与电子复合的空穴由

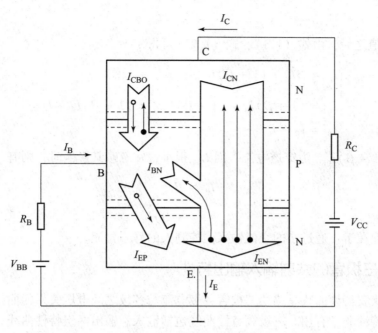

图1.49 三极管内部载流子的运动和各极电流

基极电源提供，形成基区复合电流 I_{BN}，它是基极电流 I_B 的主要部分。

3）扩散到集电结的电子被集电区收集

由于集电结反偏，在结内形成较强的电场，因而，使扩散到集电结边沿的电子在该电场作用下漂移到集电区，形成集电区的收集电流 I_{CN}。该电流是构成集电极电流 I_C 的主要部分。另外，集电区和基区的少子在集电结反向电压作用下，向对方漂移形成集电结反向饱和电流 I_{CBO}，并流过集电极和基极支路，构成 I_C、I_B 的另一部分电流。

2. 电流分配关系

由以上分析可知，晶体管3个电极上的电流与内部载流子传输形成的电流之间有以下关系，即

$$\begin{cases} I_E \approx I_{EN} = I_{BN} + I_{CN} \\ I_B = I_{CN} - I_{CBO} \\ I_C = I_{CN} + I_{CBO} \end{cases} \tag{1.1}$$

式（1.1）表明，在发射结正偏、集电结反偏的条件下，晶体管3个电极上的电流不是孤立的，它们能够反映非平衡少子在基区扩散与复合的比例关系。这一比例关系主要由基区宽度、掺杂浓度等因素决定，管子做好后就基本确定了；反之，一旦知道了这个比例关系，就不难得到晶体管3个电极电流之间的关系，从而为定量分析晶体管电路提供方便。

为了反映扩散到集电区的电流 I_{CN} 与基区复合电流 I_{BN} 之间的比例关系，定义共发射极直流电流放大系数为

$$\bar{\beta} = \frac{I_{CN}}{I_{BN}} = \frac{I_C - I_{CBO}}{I_B + I_{CBO}} \tag{1.2}$$

其含义是：基区每复合一个电子，则有 $\bar{\beta}$ 个电子扩散到集电区。$\bar{\beta}$ 值一般在 20～200

之间。

确定了 $\bar{\beta}$ 值之后,由式(1.1)、式(1.2)可得

$$\begin{cases} I_C = \bar{\beta} I_B + (1+\bar{\beta}) I_{CBO} = \bar{\beta} I_B + I_{CEO} \\ I_E = (1+\bar{\beta}) I_B + (1+\bar{\beta}) I_{CBO} = (1+\bar{\beta}) I_B + I_{CEO} \\ I_B = I_E - I_C \end{cases} \quad (1.3)$$

式中:$I_{CEO} = (1+\bar{\beta}) I_{CBO}$ 为穿透电流。因 I_{CBO} 很小,在忽略其影响时,则有

$$I_C \approx \bar{\beta} I_B \quad (1.4)$$

$$I_E \approx (1+\bar{\beta}) I_B \quad (1.5)$$

放大的原理在于:通过小的交流输入,控制大的静态直流。

1.5.3 三极管的共射输入输出特性

三极管的伏安特性曲线是描述三极管各极电流与各极之间电压关系的曲线,它对于了解三极管的导电特性非常有用。三极管特性曲线包括输入和输出两组特性曲线。

1.5.3.1 三极管的共射输入特性

共射输入特性曲线是以 u_{CE} 为参变量时 i_B 与 u_{BE} 间的关系曲线,即典型的共发射极输入特性曲线,如图1.50所示。

(1) 在 $u_{CE} \geq 1$ V 的条件下,当 $u_{BE} < U_{BE(on)}$ 时,$i_B \approx 0$。$U_{BE(on)}$ 为晶体管的导通电压或死区电压,硅管约为 0.5 V,锗管约为 0.2 V。当 $u_{BE} > U_{BE(on)}$ 时,随着 u_{BE} 的增大,i_B 开始按指数规律增加,而后近似按直线上升。

(2) 当 $u_{CE} = 0$ 时,晶体管相当于两个并联的二极管,所以 B、E 间加正向电压时 i_B 很大。对应的曲线明显左移,如图1.50所示。

(3) 当 u_{CE} 在 0~1 V 之间时,随着 u_{CE} 的增加,曲线右移。特别在 $0 < u_{CE} \leq U_{CE(sat)}$ 范围内,即工作在饱和区时移动量会更大些。

(4) 当 $u_{BE} < 0$ 时,晶体管截止,i_B 为反向电流。若反向电压超过某一值时,发射结也会发生反向击穿。

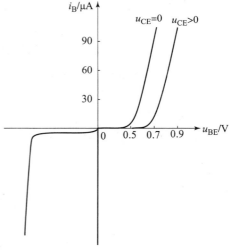

图1.50 三极管的共射输入特性曲线

1.5.3.2 三极管的共射输出特性

共射输出特性曲线是以 i_B 为参变量时,i_C 与 u_{CE} 间的关系曲线,即 $i_C = f(u_{CE}) \big|_{i_B = 常数}$。典型的共射输出特性曲线如图1.51所示。由图可见,输出特性可以划分为3个区域,分别是饱和区、放大区和截止区,对应于3种工作状态,分别是饱和状态、放大状态和截止状态。现分别讨论如下。

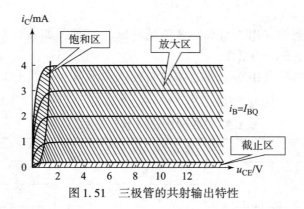

图 1.51 三极管的共射输出特性

1. 三极管的 3 个工作区域

1) 放大区

i_C 平行于 u_{CE} 轴的区域，曲线基本平行等距。此时，发射结正偏，集电结反偏，电压大于 0.7 V 左右（硅管）。

2) 饱和区

i_C 受 u_{CE} 显著控制的区域，该区域内 u_{CE} 的数值较小，一般 $u_{CE}<0.7$ V（硅管）。此时发射结正偏，集电结正偏或反偏电压很小。

3) 截止区

i_C 接近零的区域，相当于 $i_B=0$ 的曲线的下方。此时，发射结反偏，集电结反偏。

2. 三极管的 3 种工作状态

1) 放大状态：三极管工作在放大区

三极管放大条件：发射结正偏（$u_{BE}>0$，$U_B>U_E$），集电结反偏（$u_{BC}<0$，$U_B<U_C$）。

三极管放大特点：三极管有放大能力，$i_C=\beta i_B$。基极电流 i_B 对集电极电流 i_C 有很强的控制作用，$i_C=\beta i_B$。从特性曲线上可以看出，在相同的 u_{CE} 条件下，i_B 有很小的变化量 Δi_B，i_C 就有很大的变化量 Δi_C。

2) 饱和状态：三极管工作在饱和区

饱和区 u_{CE} 比较小，也就是 i_C 受 u_{CE} 显著控制区。即将输出曲线直线上升和弯曲部分划为饱和区。

三极管饱和条件：发射结正偏（$u_{BE}>0$，$U_B>U_E$），集电结正偏（$u_{BC}>0$，$U_B>U_C$）。

三极管饱和特点：当 u_{CE} 减少到一定程度后，集电结收集载流子的能力减弱，造成发射结"发射有余，集电结收集不足"，集电极电流 i_C 不再服从 $i_C=\beta i_B$ 的规律。三极管饱和时等效于开关闭合。

3) 截止状态：三极管工作在截止区（$i_B=0$ 曲线以下）

三极管截止条件：发射结反偏（$u_{BE}\leqslant 0$，$U_B\leqslant U_E$），集电结反偏（$u_{BC}<0$，$U_B<U_C$）。

三极管截止特点：$i_B\approx 0$、$i_C\approx 0$、$U_C=V_{CC}$，三极管相当于开路。因此，三极管截止时等效于开关断开。

所以，可以利用三极管饱和、截止状态作开关。

3. 输出特性 3 个区域的特点

(1) 放大区：发射结（BE）正偏，集电结（BC）反偏，如表 1.3 所列。

$i_C = \beta i_B$，且 $\Delta i_C = \beta \Delta i_B$。

(2) 饱和区：发射结（BE）正偏，集电结（BC）正偏，如表1.3所列。
$u_{CE} < u_{BE}$，$\beta i_B > i_C$，$u_{CE} \approx 0.3$ V。

(3) 截止区：发射结（BE）反偏，集电结（BC）反偏，如表1.3所列。
$u_{BE} <$ 死区电压，$i_B = 0$，$i_C = I_{CEO} \approx 0$。

表1.3　三极管PN结4种偏置方式组合

发射结（BE结）	集电结（BC结）	工作状态
正偏	反偏	放大状态
正偏	正偏	饱和状态
反偏	反偏	截止状态
反偏	正偏	倒置状态

1.5.4　主要参数

半导体三极管的参数分为三大类，即直流参数、交流参数和极限参数。

1. 直流参数

(1) 共射直流电流放大系数 $\bar{\beta}$：$\bar{\beta} \approx \dfrac{I_C}{I_B}$。

(2) 共基直流电流放大系数 $\bar{\alpha}$：$\bar{\alpha} \approx \dfrac{I_C}{I_E}$。

(3) 极间反向电流（I_{CBO}、I_{CEO}）。选用管子时，I_{CBO}、I_{CEO} 应尽量小。

2. 交流参数

交流参数是描述晶体管对于动态信号的性能指标。

(1) 共射交流电流放大系数 β：$\beta = \dfrac{\Delta i_c}{\Delta i_b}$。

选用管子时，β 应适中，太小放大能力不强，太大性能往往不稳定。

(2) 共基交流电流放大系数 α：$\alpha = \dfrac{\Delta i_c}{\Delta i_b}$。

近似分析中，$\alpha = \bar{\alpha} \approx 1$。

(3) 特征频率 f_T。

晶体管的电流放大系数与工作频率有关，晶体管超过工作频率范围，β 会随着频率的升高而下降，放大能力减弱甚至失去放大作用。β 下降到1时所对应的频率称为特征频率，用 f_T 表示。

3. 极限参数

极限参数是指为使晶体管安全工作对它的电压、电流和功率损耗的限制。

(1) 最大集电极耗散功率 P_{CM}。

P_{CM} 是集电极电流通过集电结时所产生的功耗，其公式为 $P_{CM} = i_C u_{CE}$。通常，$P_{CM} < 1$ W 时为小功率管，1 W $< P_{CM} < 5$ W 时为中功率管，$P_{CM} \geqslant 5$ W 时为大功率管。

（2）最大集电极电流 I_{CM}。

即晶体管所允许流过的最大电流。当集电极电流超过 I_{CM}时，晶体管的 β 值等参数将发生明显变化，影响其正常工作，甚至损坏。

（3）极间反向击穿电压。

晶体管的某一电极开路时，另外两个电极间所允许加的最高反向电压称为极间反向击穿电压，超过此值时管子会发生击穿现象。

①$U_{(BR)CBO}$：发射极开路时集电极、基极之间的击穿电压。

②$U_{(BR)EBO}$：集电极开路时发射极、基极之间的击穿电压。

③$U_{(BR)CEO}$：基极开路时集电极、发射极之间的击穿电压。

几个击穿电压在大小上有以下关系，即

$$U_{(BR)CBO} > U_{(BR)CEO} > U_{(BR)EBO}$$

注： *以 $U_{(BR)CBO}$ 为例，下标 BR 代表击穿之意，是 Breakdown 的字头，CB 代表集电极和基极，O 代表第三个电极 E 开路。*

1.6　场效应晶体管

场效应晶体管，简称场效应管，又称单极型三极管，它是一种载流子参与导电，利用输入回路的电场效应来控制输出回路电流的一种半导体器件。它的体积小、工艺简单，器件特性便于控制，是目前制造大规模集成电路的主要有源器件。

1. 场效应管的特点

（1）起导电作用的是多数（一种）载流子，所以又称为单极型晶体管。

（2）电压控制型器件。

（3）输入电阻高，可达 $10^7 \sim 10^{15}$ Ω。

（4）体积小、质量轻、耗电省、寿命长。

（5）噪声低、热稳定性好、抗辐射能力强和制造工艺简单。

2. 场效应管的分类

场效应管分类如图 1.52 所示。

- 场效应管（FET）
  - 结型（JFET）（耗尽型）
    - N沟道
    - P沟道
  - 绝缘栅型（MOSFET）
    - 增强型
      - N沟道
      - P沟道
    - 耗尽型
      - N沟道
      - P沟道

图 1.52　场效应管分类

1.6.1　结型场效应管

1. 结型场效应管的结构与符号

1）N 沟道结型场效应管

N 沟道结型场效应管是在同一块 N 型半导体上制作两个高掺杂的 P 区，将它们连接在一起引出电极栅极 G。N 型半导体分别引出漏极 D、源极 S，P 区和 N 区的交界面形成耗尽层。源极和漏极之间的非耗尽层称为导电沟。导电沟道是 N 型的，称 N 沟道结型场效应管，如图 1.53 所示。

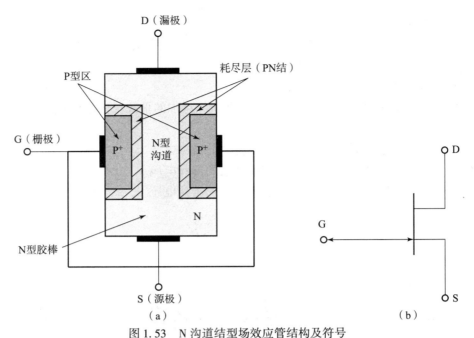

图 1.53　N 沟道结型场效应管结构及符号

(a) N 沟道结型场效应管结构；(b) N 沟道结型场效应管符号

2) P 沟道结型场效应管

P 沟道结型场效应管是在同一块 P 型半导体上制作两个高掺杂的 N 区，将它们连接在一起引出电极栅极 G。P 型半导体分别引出漏极 D、源极 S，P 区和 N 区的交界面形成耗尽层。源极和漏极之间的非耗尽层称为导电沟。导电沟道是 P 型的，称为 P 沟道结型场效应管，如图 1.54 所示。

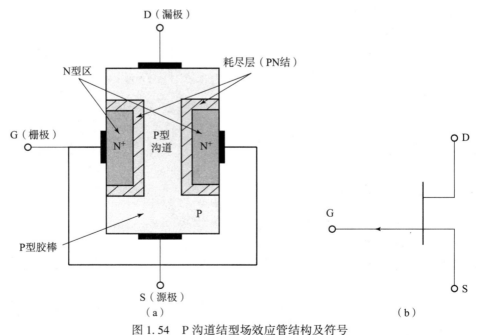

图 1.54　P 沟道结型场效应管结构及符号

(a) P 沟道结型场效应管结构；(b) P 沟道结型场效应管符号

2. 工作原理——电压控制作用（以 N 沟道为例）

正常工作时，在栅源之间加负向电压（保证耗尽层承受反向电压），漏源之间加正向电压（以形成漏极电流），这样既保证栅源之间的电阻很高，又实现了 u_{GS} 对沟道电流 i_D 的控制，如图 1.55 所示。

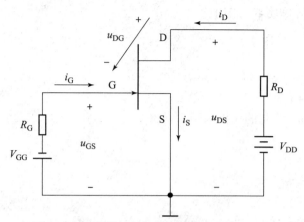

图 1.55　N 沟道结型场效应管在电路中的连接

1）u_{GS} 对沟道的控制作用

当 $u_{GS}<0$ 时，PN 结反偏→耗尽层加厚→沟道变窄。u_{GS} 继续减小，沟道继续变窄。当沟道夹断时，对应的栅源电压 u_{GS} 称为夹断电压 U_P（或 $U_{GS(off)}$）。

对于 N 沟道的 JFET，$U_P<0$。

2）u_{DS} 对沟道的控制作用

当 $u_{GS}=0$ 时，$u_{DS}\uparrow \to i_D\uparrow$，G、D 间 PN 结的反向电压增加，使靠近漏极处的耗尽层加宽，沟道变窄，从上至下呈楔形分布。当 u_{DS} 增加到使 $u_{GD}=U_P$ 时，在紧靠漏极处出现预夹断。此时 $u_{DS}\uparrow \to$ 夹断区延长→沟道电阻↑→i_D 基本不变。

3）u_{GS} 和 u_{DS} 同时作用

当 $U_P<u_{GS}<0$ 时，导电沟道更容易夹断，对于同样的 u_{DS}，i_D 的值比 $u_{GS}=0$ 时的值要小。在预夹断处，$u_{GD}=u_{GS}-u_{DS}=U_P$。

综上分析可知以下几点。

（1）沟道中只有一种类型的多数载流子参与导电，所以场效应管也称为单极型三极管。

（2）JFET 栅极与沟道间的 PN 结是反向偏置的，因此 $i_G\approx 0$，输入电阻很高。

（3）JFET 是电压控制电流器件，i_D 受 u_{GS} 控制。

（4）预夹断前 i_D 与 u_{DS} 成近似线性关系；预夹断后，i_D 趋于饱和。

结型场效应管工作原理：利用半导体内的电场效应，通过栅源电压 u_{GS} 的变化，改变阻挡层的宽窄，从而改变导电沟道的宽窄，控制漏极电流 i_D，如图 1.56 所示。

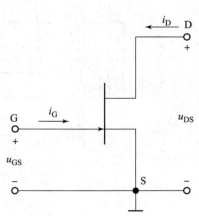

图 1.56　N 沟道结型场效应管所加的外部电压

3. JFET 的伏安特性曲线

在正常工作情况下，场效应管栅极电流几乎为零（$i_G \approx 0$），管子无输入特性。

1）输出特性（漏极特性）

$$i_D = f(u_{DS})\bigg|_{u_{GS}=常量} \tag{1.6}$$

输出特性各区的特点如下（图 1.57）：

（1）可变电阻区。

① u_{DS} 较小。

② 沟道尚未夹断。

③ $u_{DS} < |U_{GS(off)}| + u_{GS}$。

④ 管子相当于受 u_{GS} 控制的压控电阻。

（2）放大区。

① 沟道预夹断。

② $u_{DS} \geq |U_{GS(off)}| + u_{GS}$。

③ i_D 几乎与 u_{DS} 无关。

④ i_D 只受 u_{GS} 的控制。

放大区也称为饱和区、恒流区。

（3）截止区。

① $u_{GS} < U_{GS(off)}$。

② 沟道完全夹断。

③ $i_D \approx 0$。

（4）击穿区。

u_{DS} 增加到一定程度，电流急剧增大。

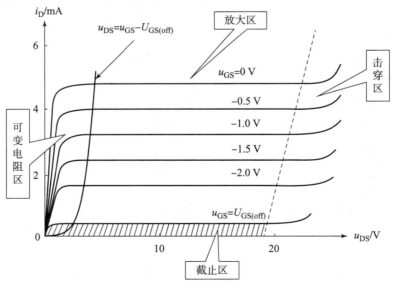

图 1.57 JFET 的输出伏安特性曲线

2）转移特性

定义 $i_D = f(u_{GS})\big|_{u_{DS}=常量}$，表示场效应管的 u_{GS} 对 i_D 的控制特性。

恒流区中 i_D 的近似表达式为

$$i_D = I_{DSS}\left(1 - \frac{u_{GS}}{U_{GS(off)}}\right)^2 \tag{1.7}$$

转移特性曲线（图1.58）与输出特性曲线有严格的对应关系，其曲线特点如下。
(1) 对于不同的 u_{DS}，对应的转移特性曲线不同。
(2) 当管子工作于恒流区时，转移特性曲线基本重合。

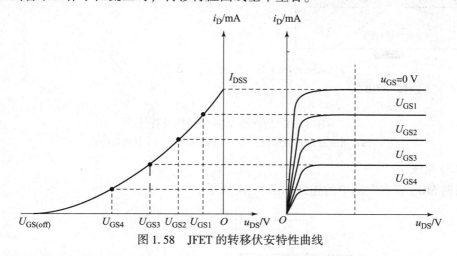

图1.58 JFET的转移伏安特性曲线

N沟道结型场效应管，栅源之间加反向电压；P沟道结型场效应管，栅源之间加正向电压。管子工作在可变电阻区时，不同的 u_{DS} 其转移特性曲线有很大差别。

1.6.2 绝缘栅型场效应管（MOS管）

绝缘栅型场效应管采用 SiO_2 绝缘层隔离，栅极为金属铝，又称为MOS管。其分类如图1.59所示。

图1.59 绝缘栅型场效应管分类

N沟道MOS管与P沟道MOS管工作原理相似，不同之处仅在于它们形成电流的载流子性质不同，因此导致加在各极上的电压极性相反。

注：对于耗尽型场效应管，没有加偏置电压时，就有导电沟道存在；对于增强型场效应管，没有加偏置电压时，没有导电沟道。

1.6.2.1 增强型MOS管（以N沟道为例）

1. 结构及符号

通常衬底和源极连接在一起使用。栅极和衬底各相当于一个极板，中间是绝缘层，形成电容。栅源电压改变时，将改变衬底靠近绝缘层处感应电荷的多少，从而控制漏极电流的大小。增强型MOS管结构及符号如图1.60所示。

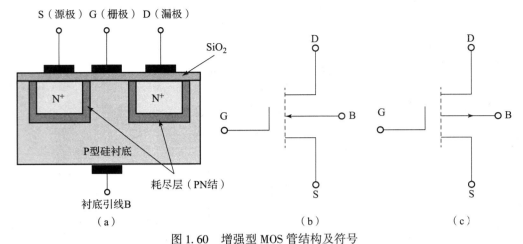

图 1.60　增强型 MOS 管结构及符号

(a) 增强型 MOS 管结构；(b) N 沟道符号；(c) P 沟道符号

2. 工作原理

增强型 MOS 管在电路中的连接如图 1.61 所示。

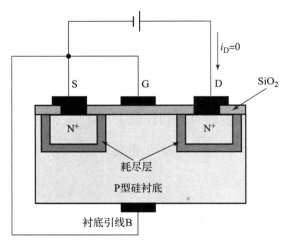

图 1.61　增强型 MOS 管在电路中的连接

1) $u_{GS}=0$

D 与 S 之间是两个 PN 结反向串联，无论 D 与 S 之间加什么极性的电压，漏极电流均接近于零。

2) $u_{GS}>0$、$u_{DS}=0$

由于绝缘层 SiO_2 的存在，栅极电流为零。栅极金属层将聚集大量正电荷，排斥 P 型衬底靠近 SiO_2 的空穴，将衬底的自由电子吸引到耗尽层与绝缘层之间，形成 N 型薄层，称为反型层。这个反型层就构成了漏源之间的导电沟道。u_{GS} 越大，反型层越厚，导电沟道电阻越小，同样地 u_{DS} 产生的电流 i_D 越大。此时的栅源电压称为开启电压 $U_{GS(th)}$。

3) $u_{GS}>U_{GS(th)}$、$u_{DS}>0$

u_{DS} 作用产生漏极电流 i_D。沟道各点对栅极电压不再相等，导电沟道宽度不再相等，沿源漏方向逐渐变窄。

$$u_{GD} = u_{GS} - u_{DS} < u_{GS}$$

i_D 随着 u_{DS} 的增加而线性增大。

随着 u_{DS} 的继续增大，u_{GD} 减小，当 $u_{GD} = U_{GS(th)}$ 时，导电沟道在漏极一端产生夹断，称为预夹断。

u_{DS} 继续增大，夹断区延长，漏电流 i_D 几乎不变，管子进入恒流区，i_D 几乎仅仅决定于 u_{GS}。此时可以把 i_D 近似看成 u_{GS} 控制的电流源。

3. 伏安特性曲线

1）输出特性

$$i_D = f(u_{DS})\big|_{u_{GS}=常数} \tag{1.8}$$

增强型 MOS 管的输出伏安特性曲线如图 1.62 所示。

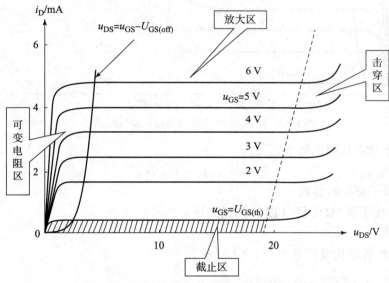

图 1.62 增强型 MOS 管的输出伏安特性曲线

各区的特点如下。

（1）可变电阻区。

① u_{DS} 较小，沟道尚未夹断。

② $u_{DS} < u_{GS} - |U_{GS(th)}|$。

③ 管子相当于受 u_{GS} 控制的电阻。

（2）放大区（饱和区、恒流区）。

① 沟道预夹断。

② $u_{DS} > u_{GS} - |U_{GS(th)}|$。

③ i_D 几乎与 u_{DS} 无关。

④ i_D 只受 u_{GS} 的控制。

（3）截止区。

① $u_{GS} < U_{GS(th)}$。

② 沟道完全夹断。

③ $i_D = 0$。

（4）击穿区。

u_{DS}增加到一定程度，电流急剧增大。

2）转移特性曲线

$$i_D = f(u_{GS})|_{u_{DS}=常数} \tag{1.9}$$

增强型 MOS 管的转移伏安特性曲线如图 1.63 所示。

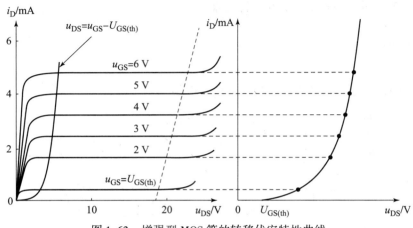

图 1.63　增强型 MOS 管的转移伏安特性曲线

管子工作于放大区时函数表达式为

$$i_D = K(u_{GS} - U_{GS(th)})^2 \tag{1.10}$$

式中，K 为与管子有关的参数。

1.6.2.2　耗尽型 MOS 管（以 N 沟道为例）

1. 结构及符号

耗尽型 MOS 管结构及符号如图 1.64 所示。

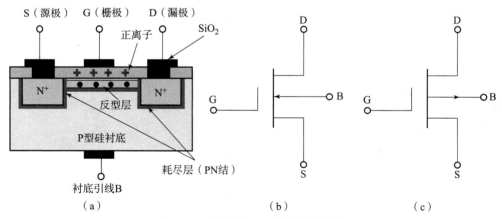

图 1.64　耗尽型 MOS 管结构及符号

(a) 耗尽型 MOS 管结构；(b) N 沟道符号；(c) P 沟道符号

制造时，在 SiO_2 绝缘层中掺入大量的正离子，即使 $u_{GS}=0$，在正离子的作用下，源漏之间也存在导电沟道。只要加正向 u_{DS}，就会产生 i_D。只有当 u_{GS} 小于某一值时，才会使导电沟道消失，此时的 u_{GS} 称为夹断电压 $U_{GS(off)}$。

2. 工作原理

当 $u_{GS}=0$ 时,就有沟道,加入 u_{DS},就有 i_D。

当 $u_{GS}>0$ 时,沟道增宽,i_D 进一步增大。

当 $u_{GS}<0$ 时,沟道变窄,i_D 减小。

耗尽型 MOS 管可以在 u_{GS} 为正或负下工作。

3. 伏安特性曲线

1) 输出特性曲线

耗尽型 MOS 管的输出伏安特性曲线如图 1.65 所示。

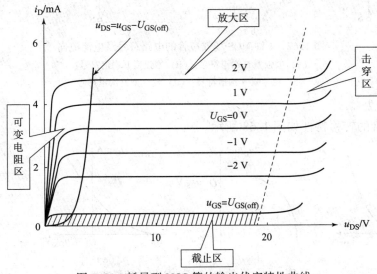

图 1.65 耗尽型 MOS 管的输出伏安特性曲线

2) 转移特性曲线

耗尽型 MOS 管的转移伏安特性曲线如图 1.66 所示。

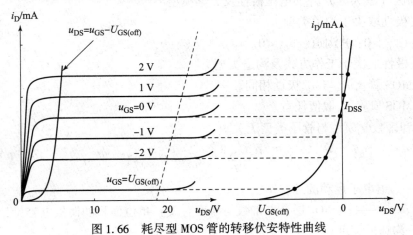

图 1.66 耗尽型 MOS 管的转移伏安特性曲线

工作于放大区时,函数表达式为

$$i_D = I_{DSS}\left(1 - \frac{u_{GS}}{U_{GS(off)}}\right)^2 \tag{1.11}$$

1.6.2.3 4种MOS场效应管比较

1) 电路符号及电流流向

4种MOS管的电路符号及电流流向如图1.67所示。

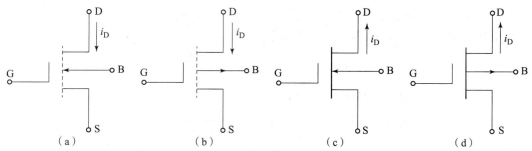

图1.67 4种MOS场效应管的电路符号及电流流向
(a) 增强型N沟道符号；(b) 增强型P沟道符号；
(c) 耗尽型N沟道符号；(d) 耗尽型P沟道符号

2) 转移特性

4种MOS管的转移特性如图1.68所示。

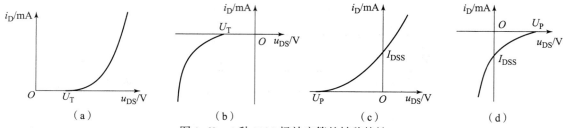

图1.68 4种MOS场效应管的转移特性
(a) 增强型N沟道；(b) 增强型P沟道；
(c) 耗尽型N沟道；(d) 耗尽型P沟道

3) 饱和区（放大区）外加电压极性及数学模型

(1) u_{DS}极性取决于沟道类型。

N沟道：$u_{DS}>0$；P沟道：$u_{DS}<0$。

(2) u_{GS}极性取决于工作方式及沟道类型。

增强型MOS管：u_{GS}与u_{DS}极性相同。

耗尽型MOS管：u_{GS}取值任意。

(3) 饱和区数学模型与管子类型无关。

$$i_D \approx \frac{\mu_n C_{OX} W}{2l}(u_{GS}-U_{GS(th)})^2$$

式中 μ_n——沟道电子运动的迁移率；

$C_{OX}=\varepsilon/\tau_{OX}$——（$SiO_2$层介电常数与厚度有关）单位面积的栅极电容量；

W——沟道的宽度；

l——沟道的长度。

4) 临界饱和工作条件

$$|u_{GS}|>|U_{GS(th)}|,\ |u_{DS}|=|u_{GS}-U_{GS(th)}|$$

5) 饱和区（放大区）工作条件

$$|u_{GS}| > |U_{GS(th)}|, |u_{DS}| > |u_{GS} - U_{GS(th)}|$$

6) 非饱和区（可变电阻区）工作条件

$$|u_{GS}| > |U_{GS(th)}|, |u_{DS}| < |u_{GS} - U_{GS(th)}|$$

7) 非饱和区（可变电阻区）数学模型

$$i_D \approx \frac{\mu_n C_{OX} W}{l}(u_{GS} - U_{GS(th)})u_{DS}$$

1.6.3 场效应管的主要参数

1. 直流参数

1) 饱和漏极电流 I_{DSS}

$$I_{DSS} = i_D \Big|_{\substack{u_{DS}=\text{常数}(>|U_{GS(off)}|) \\ u_{GS}=0}}$$

$u_{GS} = 0$ 时对应的漏极电流，为耗尽型场效应管的一个重要参数。

2) 夹断电压 $U_{GS(off)}$

$$U_{GS(off)} = u_{GS} \Big|_{\substack{u_{DS}=\text{常数}(10\text{ V}) \\ i_D=\text{测试值}(50\text{ μA})}}$$

u_{DS} 为固定值使漏极电流近似等于零时所需的栅源电压，为耗尽型场效应管的一个重要参数。结型场效应管和耗尽型 MOS 管的参数：NMOS 管为负，PMOS 管为正。

3) 开启电压 U_T 或 $U_{GS(th)}$

u_{DS} 为固定值时能产生漏极电流 i_D 所需的栅源电压 u_{GS} 的最小值，为增强型场效应管的一个重要参数。

增强型 MOS 管的参数：NMOS 管为正，PMOS 管为负。

4) 直流输入电阻 R_{GS}

$$R_{GS} = \frac{U_{GS}}{I_G} \Big|_{\substack{u_{DS}=\text{常数}(0\text{ V}) \\ |u_{GS}|=\text{常数}(10\text{ V})}}$$

输入电阻很高，结型场效应管一般在 10^7 Ω 以上，绝缘栅场效应管更高，一般大于 10^9 Ω。

2. 交流参数

1) 低频跨导 g_m

管子工作在恒流区并且 U_{DS} 为常数时，漏极电流的微变量与引起这个变化的栅源电压的微变量之比，称为低频跨导，即 $g_m = \dfrac{di_D}{du_{GS}}\Big|_{u_{DS}=\text{常数}}$，其中单位：$i_D$ 为 mA；u_{GS} 为 V；g_m 为毫西门子（mS）。

g_m 是衡量栅源电压对漏极电流控制能力的一个重要参数。

2) 极间电容

这是场效应管 3 个电极之间的等效电容，包括栅源电容 C_{gs}、栅漏电容 C_{gd}、漏源电容 C_{ds}。极间电容越小，则管子的高频性能越好，一般为几个皮法。

3) 输出电阻 r_{ds}

$$r_{ds} = \frac{du_{DS}}{di_D}\Big|_{u_{GS}=\text{常数}}$$

r_{ds} 反映了 u_{DS} 对 i_D 的影响,是输出特性曲线上 Q 点处切线斜率的倒数。r_{ds} 在恒流区很大。

3．极限参数

（1）漏极最大允许耗散功率 P_{DSM}。由场效应管允许的温升决定,漏极耗散功率转化为热能使管子的温度升高。

（2）最大漏极电流 I_{DSM}。

（3）漏源击穿电压 $U_{(BR)DS}$。当漏极电流 i_D 急剧上升产生雪崩击穿时的 u_{DS}。

（4）栅源击穿电压 $U_{(BR)GS}$。场效应管工作时,栅源间 PN 结处于反偏状态,若 $u_{GS} > U_{(BR)GS}$，PN 将被击穿,这种击穿与电容击穿的情况类似,属于破坏性击穿。

1.6.4　场效应管与三极管的比较

1．场效应管的特点（与双极型晶体管比较）

（1）场效应管是一种电压控制器件,即通过 u_{GS} 来控制 i_D；双极型晶体管是一种电流控制器件,即通过 i_B 来控制 i_C。

（2）场效应管的输入端电流几乎为零,输入电阻非常高；双极型晶体管的发射结始终处于正向偏置,有一定的输入电流,基极与发射极间的输入电阻较小。

（3）场效应管是利用多数（一种极性）载流子导电的；在双极型晶体管中两种极性的载流子（电子和空穴）同时参与了导电。

（4）场效应管具有噪声小、受辐射的影响小、热稳定性较好,且存在零温度系数工作点。

（5）场效应管的结构对称,有时（除了源极和衬底在制造时已连在一起的 MOS 管）漏极和源极可以互换使用,且各项指标基本不受影响,使用方便、灵活。

（6）场效应管制造工艺简单,有利于大规模集成。每个 MOS 场效应管在硅片上所占的面积只有双极性晶体管的 5%。

（7）场效应管的跨导小,当组成放大电路时,在相同的负载电阻下,电压放大倍数比双极性晶体管低。

（8）由于 MOS 管的输入电阻高,由外界感应产生的电荷不易泄漏,而栅极上的绝缘层又很薄,这将在栅极上产生很高的电场强度,以致引起绝缘层的击穿而损坏管子。

2．各类场效应管的符号和特性曲线

各类场效应管的符号和特性曲线见表1.4。

表1.4　各类场效应管的符号和特性曲线

种类	符号	转移特性曲线	输出特性曲线
结型 N 沟道	耗尽型	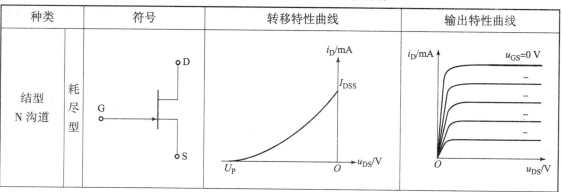	

续表

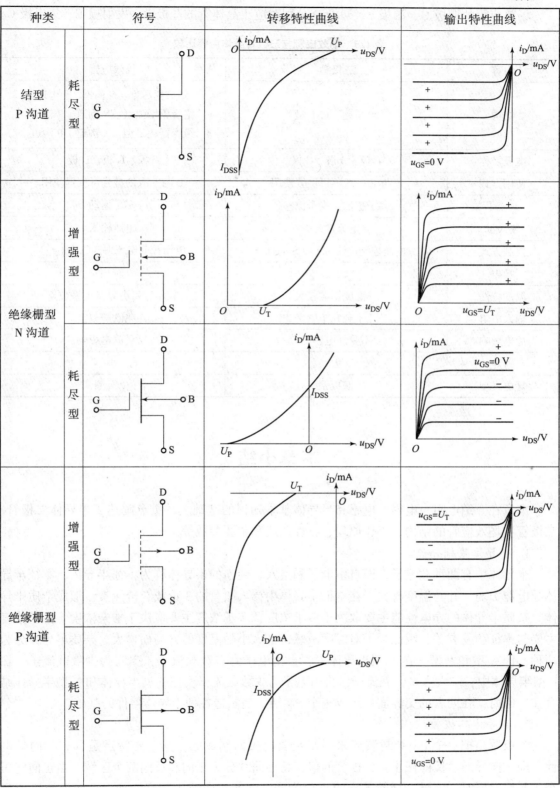

3. 场效应管与三极管的比较

场效应管的栅极 G、源极 S、漏极 D 分别对应于晶体管的基极 B、发射极 E、集电极 C。

表 1.5 场效应管与三极管具体内容比较

内容	三极管	场效应管
结构	NPN 型、PNP 型	结型耗尽型：N 沟道、P 沟道 绝缘栅增强型：N 沟道、P 沟道 绝缘栅耗尽型：N 沟道、P 沟道
电极名称	E 极、B 极、C 极	S 极、G 极、D 极
使用方式	C 与 E 一般不可倒置使用	D 与 S 有的型号可倒置使用
载流子	多子扩散，少子漂移	多子运动
输入量	电流输入	电压输入
控制方式	电流控制电流源 CCCS（β）	电压控制电流源 VCCS（g_m）
噪声	较大	较小
温度特性	受温度影响较大	较小，可有零温度系数点
输入电阻	几十到几千欧姆	几兆欧姆以上
静电影响	不受静电影响	易受静电影响
跨导	大	小
导电类型	双极型	单极型

本章小结

本章在介绍电阻、电容、电感和半导体基本知识的基础上，重点阐述了半导体二极管、三极管和场效应管的结构、工作原理、特性曲线和主要参数等。

1. 半导体基础知识

半导体中有两种载流子，即自由电子和空穴。纯净的半导体称为本征半导体，本征半导体导电能力弱，并与温度有关。在本征半导体中掺入微量的 3 价或 5 价元素，形成杂质半导体。杂质半导体的导电性能主要取决于多子浓度，多子浓度主要取决于掺杂浓度。少子浓度主要与本征激发有关，因此少子对温度敏感，其大小随温度的升高而增大。杂质半导体分为两种，即 N 型和 P 型。在 N 型半导体中，自由电子为多数载流子，空穴为少数载流子。在 P 型半导体中，空穴为多数载流子，自由电子为少数载流子。把 P 型半导体和 N 型半导体结合在一起时，在两者的交界面处形成一个 PN 结，是制造各种半导体器件的基础。

2. 半导体二极管

二极管是把一个 PN 结封装起来引出金属电极而制成的，其主要特点是具有单向导电性，即正向导通、反向截止。二极管的伏安特性曲线分为正向和反向两个区域，当正向电压小于开启电压时，流过二极管的电流近似为零；随着正向电压稍有增加，正向电流迅速增加。在特性的反向区，反向电流等于反向饱和电流，但当反向电压达到击穿电压值时，二极管发生反向击穿。击穿后，电流在很大的范围内变化时，反向击穿电压几乎不变，利用这一特性可以制成稳压二极管。

3. 半导体三极管

三极管是由3层不同性质的半导体组合而成的，有NPN和PNP两种类型，其特点是具有电流放大作用。三极管实现放大的条件是：发射结正偏，集电结反偏。三极管有3个工作区域，即放大区、饱和区和截止区。在放大区，三极管具有基极电流控制集电极电流的特性；在饱和区和截止区，三极管具有开关特性。

4. 场效应管

场效应管为电压控制电流源器件（VCCS），即用栅源电压来控制沟道宽度，改变漏极电流。场效应管为单极型器件，仅一种载流子（多子）导电，热稳定性优于三极管。场效应管有结型和绝缘栅型两种结构，每种又分为N沟道和P沟道两种。绝缘栅型场效应管（MOSFET）又分为增强型和耗尽型两种类型。场效应管的漏极特性曲线分为可变电阻区、截止区和恒流区，在放大电路中，应使其工作在恒流区。

习　　题

一、选择题

1. 在绝对零度（0 K）时，本征半导体中（　　）载流子。
   A. 有　　　　　　B. 没有　　　　　　C. 少数　　　　　　D. 多数
2. 在热激发条件下，少数价电子获得足够激发能，进入导带，产生（　　）。
   A. 负离子　　　　　　　　　　　　　B. 空穴
   C. 正离子　　　　　　　　　　　　　D. 电子–空穴对
3. 半导体中的载流子为（　　）。
   A. 电子　　　　　B. 空穴　　　　　　C. 正离子　　　　　D. 电子和空穴
4. N型半导体中的多子是（　　）。
   A. 电子　　　　　B. 空穴　　　　　　C. 正离子　　　　　D. 负离子
5. P型半导体中的多子是（　　）。
   A. 电子　　　　　B. 空穴　　　　　　C. 正离子　　　　　D. 负离子
6. 在杂质半导体中，多数载流子的浓度主要取决于（　　），而少数载流子的浓度则与（　　）有很大关系。
   A. 温度　　　　　B. 掺杂工艺　　　　C. 杂质浓度　　　　D. 晶体缺陷
7. 当PN结外加正向电压时，扩散电流（　　）漂移电流，耗尽层（　　）。当PN结外加反向电压时，扩散电流（　　）漂移电流，耗尽层（　　）。
   A. 大于　　　　　B. 小于　　　　　　C. 等于　　　　　　D. 变宽
   E. 变窄　　　　　F. 不变
8. 温度升高时，二极管的反向伏安特性曲线（　　）。
   A. 上移　　　　　B. 下移　　　　　　C. 不变　　　　　　D. 不确定

51

9. 二极管的主要特性是（　　）。
   A. 放大特性　　　B. 恒温特性　　　C. 单向导电特性　　　D. 恒流特性
10. 用万用表判别放大电路中处于正常工作的某个晶体管的类型（指出是 NPN 型还是 PNP 型）与 3 个电极时，以测出（　　）最为方便。
    A. 中极间电阻　　　B. 各极对地电位　　　C. 各极电流
11. 温度升高时，晶体管的电流放大系数 β（　　），反向饱和电流 I_{CBO}（　　），正向结电压 u_{BE}（　　）。
    A. 变大　　　B. 变小　　　C. 不变
12. 温度升高时，晶体管的共射输入特性曲线将（　　），输出特性曲线将（　　），而且输出特性曲线之间的间隔将（　　）。
    A. 上移　　　B. 下移　　　C. 左移　　　D. 右移
    E. 增大　　　F. 减小　　　G. 不变
13. 双极型晶体三极管在放大状态工作时的外部条件是（　　）。
    A. 发射结正偏，集电结正偏　　　　B. 发射结正偏，集电结反偏
    C. 发射结反偏，集电结反偏　　　　D. 发射结反偏，集电结正偏

二、填空题

1. 五色环电阻的前三环为_____，第四环为_____，最后一环为_____。
2. 根据导电能力来衡量，自然界的物质可以分为_____、_____和_____三类。
3. 半导体具有_____特性、_____特性和_____特性。
4. PN 结具有_____特性，即加正向电压时_____，加反向电压时_____。
5. 硅二极管导通时的正向管压降约为_____V，锗二极管导通时的管压降约为_____V。
6. 当加到二极管上的反向电压增大到一定数值时，反向电流会突然增大，此现象称为_____现象。
7. 半导体三极管是由_____极、_____极、_____极 3 个电极以及_____结和_____结两个 PN 结构成。
8. 要使三极管具有电流放大作用，发射结必须加_____电压，集电结必须加_____电压。
9. 三极管按其内部结构分为_____和_____两种类型。
10. 三极管有 3 个工作状态，即_____、_____和_____状态，_____状态具有放大作用。
11. 三极管工作在截止状态时，相当于开关_____；工作在饱和状态时，相当于开关_____。
12. 晶体三极管作共发射极组态时，其输入特性与二极管类似，但其输出特性较为复杂，除可分为放大区外，还有_____区和_____区。
13. 晶体管具有_____、_____、_____3 种状态，它们各自的条件是_____、_____、_____。
14. 晶体管的电流放大作用，是通过改变_____电流来控制_____电流的，其实质是以_____的变化来控制_____变化。

15. 晶体管各极之间的电流分配关系式为_____，且三者的大小取决于_____的变化，晶体管的放大系数 β = _____。

三、判断题

1. N 型半导体可以通过在本征半导体中掺入 3 价元素而得到。 （　　）
2. P 型半导体带正电，N 型半导体带负电。 （　　）
3. N 型半导体的多数载流子是电子，所以它带负电。 （　　）
4. 半导体中的价电子易于脱离原子核的束缚而在晶格中运动。 （　　）
5. PN 结中的扩散电流是载流子在电场作用下形成的。 （　　）
6. 漂移电流是少数载流子在内电场作用下形成的。 （　　）
7. 由于 PN 结交界面两边存在电位差，所以，当 PN 结两端短路时就有电流流过。 （　　）
8. 二极管的伏安特性方程式除了可以描述正向特性和反向特性外，还可以描述二极管的反向击穿特性。 （　　）
9. 通常的 BJT 管在集电极和发射极互换使用时，仍有较大的电流放大作用。 （　　）
10. 有人测得晶体管在 U_{BE} = 0.6 V，I_B = 5 μA，因此认为在此工作点上的 r_{be} 大约为 26 mV/I_B = 5.2 kΩ。 （　　）

四、简答题

1. 什么是本征半导体和杂质半导体？
2. 什么是 N 型半导体？什么是 P 型半导体？当两种半导体制作在一起时会产生什么现象？
3. 既然 BJT 具有两个 PN 结，可否用两个二极管取代 PN 结并相连以构成一只 BJT？试说明其理由。
4. 要使 BJT 具有放大作用，发射结和集电结的偏置电压应如何连接？

五、分析计算题

1. 在一个放大电路中，3 只三极管 3 个管脚①、②、③的电位分别如表 1.6 所示，将每只管子所用材料（Si 或 Ge）、类型（NPN 或 PNP）及管脚为哪个极（e、b 或 c）填入表内。

表 1.6　数据记录表

管　号		VT_1	VT_2	VT_3	管　号		T_1	T_2	T_3
管脚电位/V	①	0.7	6.2	3	电极名称	①			
	②	0	6	10		②			
	③	5	3	3.7		③			
材　料					类　型				

2. 已知电路如图 1.69 所示，其中 VD 为理想二极管，电阻为 2 Ω，试分析：①二极管是导通还是截止？② U_{AB} = ？

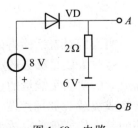

图 1.69　电路

第 2 章 基本放大电路

基本放大电路是放大电路中最基本的结构形式,是构成复杂放大电路的基本单元,它利用三极管输入电流控制输出电流的特性实现信号的放大。本章以共射极基本放大电路为基础,分析放大电路的基本概念和主要性能指标、放大电路的工作原理和实质、放大电路的静态工作点、放大电路的静态分析和动态分析,并对放大电路的 3 种组态进行了比较。

2.1 放大电路的基本概念和主要性能指标

放大电路(也称放大器)是一种应用极为广泛的电子电路,在电视、广播、通信、测量仪表以及其他各种电子设备中,是必不可少的重要组成部分。它的主要功能是将微弱的电信号(电压、电流、功率)进行放大,以满足人们的实际需要,如扩音机就是应用放大电路的一个典型例子,如图 2.1 所示。

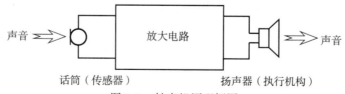

图 2.1 扩音机原理框图

当人们对着话筒讲话时,声音信号经过话筒(传感器)被转变成微弱的电信号,经放大电路放大成足够强的电信号后,才能驱动扬声器,使其发出比原来大得多的声音。放大电路放大的实质是能量的控制和转换。在输入信号作用下,放大电路将直流电源所提供的能量转换成负载(如扬声器)所获得的能量,这个能量大于信号源所提供的能量。因此放大电路的基本特征是功率放大,即负载上总是获得比输入信号大得多的电压或电流信号,也可能兼而有之。那么,由谁来控制能量转换呢?答案是有源器件,即三极管和场效应管等。

2.1.1 放大电路的基本概念

(1) 放大的作用。将微弱的电信号经过放大电路放大成足够强的电信号后驱动负载。

(2) 放大的本质。能量的控制和转换。

(3) 放大电路的基本特征。功率放大,即负载上总是获得比输入信号大得多的电压或电流信号,也可能兼而有之。

(4) 有源元件。控制能量转换的器件(如三极管和场效应管等)。

(5) 放大的前提。信号不失真。即三极管工作在放大区,场效应管工作在恒流区,确保输出量与输入量始终保持线性关系,电路不会产生失真。

2.1.2 放大电路的性能指标

任何一个放大电路都可以看成一个二端网络。图 2.2 所示为放大电路示意图,左边为输入端口,外接正弦信号源 $\dot{U}_s$,信号源的内阻为 R_s,在外加信号的作用下,放大电路得到输入电压 $\dot{U}_i$,并产生输入电流 $\dot{I}_i$;右边为输出端口,外接负载 R_L,在输出端可得到输出电压 $\dot{U}_o$,输出电流 $\dot{I}_o$。

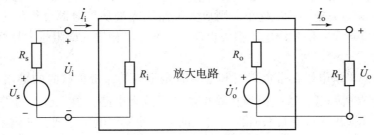

图 2.2 放大电路示意图

1. 放大倍数

放大倍数是衡量放大电路放大能力的重要指标。

1) 电压放大倍数

电压放大倍数是输出电压的变化量和输入电压的变化量之比。当放大电路的输入为正弦信号时,变化量也可用电压的正弦量来表示,即

$$A_{uu} = A_u = \frac{U_o}{U_i} \tag{2.1}$$

2) 电流放大倍数

电流放大倍数是输出电流的变化量和输入电流的变化量之比,用正弦量表示为

$$A_{ii} = A_i = \frac{I_o}{I_i} \tag{2.2}$$

3) 互阻放大倍数

互阻放大倍数是输出电压的变化量和输入电流的变化量之比,用正弦量表示为

$$A_{ui} = \frac{U_o}{I_i} \tag{2.3}$$

其量纲为电阻。

4) 互导放大倍数

互导放大倍数是输出电流的变化量和输入电压的变化量之比,用正弦量表示为

$$A_{iu} = \frac{I_o}{U_i} \quad (2.4)$$

其量纲为电导。

5) 功率放大倍数

功率放大倍数是输出功率的变化量和输入功率的变化量之比,用正弦量表示为

$$A_p = \frac{P_o}{P_i} = \frac{U_o I_o}{U_i I_i} = A_u A_i \quad (2.5)$$

2. 输入电阻

放大电路的输入端外接信号源,对于信号源而言,放大电路就是它的负载。这个负载的大小就是从放大电路输入端看过去的等效电阻,即放大电路的输入电阻 R_i。通常定义输入电阻 R_i 为输入电压与输入电流的比值,即

$$R_i = \frac{U_i}{I_i} \quad (2.6)$$

R_i 越大,则放大电路输入端从信号源分得的电压越大,输入电压 U_i 越接近于信号源电压 U_s,信号源电压损失越小;R_i 越小,则放大电路输入端从信号源分得的电压越小,信号源内阻消耗的能量越大,信号源电压损失也越大,所以希望输入电阻越大越好。

3. 输出电阻

放大电路的输出端电压在带负载时和空载时是不同的,带负载时的输出电压 U_o 比空载时的输出电压 U'_o 有所降低,这是因为从输出端来看放大电路,放大电路可等效为一个带有内阻的电压源,在输出端接有负载时,内阻上的分压使输出电压降低,该内阻称为输出电阻 R_o,它是从放大电路输出端看过去的等效电阻。通常定义输出电阻 R_o 是在信号源短路(即 $U_s=0$,R_s 保留)、负载开路的条件下,放大电路的输出端外加电压 U 与相应产生的电流 I 的比值,即

$$R_o = \frac{U}{I} \bigg|_{\substack{U_s=0 \\ R_L=\infty}} \quad (2.7)$$

在实际工作中,也可根据放大电路空载时测得的输出电压 U'_o 和带负载时测得的输出电压 U_o 来得到,即

$$\begin{cases} U_o = \dfrac{R_L}{R_o + R_L} U'_o \\ R_o = \left[\dfrac{U_o}{U'_o} - 1\right] R_L \end{cases} \quad (2.8)$$

输出电阻是衡量放大电路带负载能力的一项指标,输出电阻越小,表明带负载能力越强。

输入电阻 R_i 与输出电阻 R_o 是描述子电路相互连接时所产生的影响而引入的参数。输入输出电阻均会直接或间接地影响放大电路的放大能力。

注意:放大倍数、输入电阻、输出电阻通常都是在正弦信号下的交流参数,并且只有在放大电路处于放大状态且输出不失真的条件下才有意义。

4. 通频带

通频带用于衡量放大电路对不同频率信号的放大能力。放大电路的频率指标如图 2.3 所示。

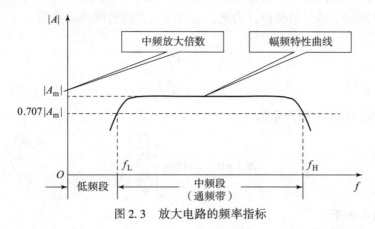

图 2.3 放大电路的频率指标

当放大倍数从 A_m 下降到 $A_m/\sqrt{2}$（即 $0.707A_m$）时，在高频段和低频段所对应的频率分别称为上限截止频率 f_H 和下限截止频率 f_L。f_H 和 f_L 之间形成的频带宽度称为通频带，记为 f_{BW}。

$$f_{BW} = f_H - f_L \tag{2.9}$$

通频带表明放大电路对不同频率信号的适应能力。通频带越宽，表明放大电路对不同频率信号的适应能力越强。但是通频带宽度也不是越宽越好，超出信号所需要的宽度，一是增加成本，二是把信号以外的干扰和噪声信号一起放大，显然是无益的。所以，应根据信号的频带宽度来要求放大电路应有的通频带。

5. 非线性失真系数

由于放大器件具有非线性特性，因此它们的线性放大范围有一定的限度，超过这个限度，将会产生非线性失真。当输入单一频率的正弦信号时，输出波形中除基波成分外，还含有一定数量的谐波，所有的谐波成分总量与基波成分之比，称为非线性失真系数 D。设基波幅值为 A_1、二次谐波幅值为 A_2、三次谐波幅值为 A_3、……，则

$$D = \sqrt{\left(\frac{A_2}{A_1}\right)^2 + \left(\frac{A_3}{A_1}\right)^2 + \cdots} \tag{2.10}$$

6. 最大不失真输出电压

最大不失真输出电压是指在输出波形不失真的情况下，放大电路可提供给负载的最大输出电压，一般用有效值 U_{om} 表示。

7. 最大输出功率和效率

最大输出功率是指在输出信号不失真的情况下，负载上能获得的最大功率，记为 P_{om}。在放大电路中，输入信号的功率通常较小，经放大电路放大器件的控制作用将直流电源的功率转换为交流功率，使负载上得到较大的输出功率。通常将最大输出功率 P_{om} 与直流电源消耗的功率 P_V 之比称为效率 η，即

$$\eta = \frac{P_{om}}{P_V} \tag{2.11}$$

它反映了直流电源的利用率。

8. 信噪比与噪声系数

放大器输入端的信号功率与噪声功率的比值简称为输入信噪比，记为$(P_S/P_N)_i$。放大器中器件、元件产生的内部噪声，使得输出端的信噪比$(P_S/P_N)_o$小于$(P_S/P_N)_i$。在常温下，放大器内部噪声决定于器件的噪声，为此，通常定义晶体管噪声系数为

$$N_F = \frac{\left(\dfrac{P_S}{P_N}\right)_i}{\left(\dfrac{P_S}{P_N}\right)_o} \tag{2.12}$$

用分贝（dB）表示的噪声系数为

$$N_F(\text{dB}) = 10\lg\frac{\left(\dfrac{P_S}{P_N}\right)_i}{\left(\dfrac{P_S}{P_N}\right)_o} \tag{2.13}$$

注：符号规定如下。
- 小写符号、小写下标 $u_i(i_i)$：表示交流电压（电流）瞬时值。
- 大写符号、大写下标 $U_I(I_I)$：表示直流电压（电流）。
- 小写符号、大写下标 $u_I(i_I)$：表示包含有直流的电压（电流）瞬时值。
- 大写符号、小写下标 $U_i(I_i)$：表示交流电压（电流）有效值。

2.2 基本共发射极放大电路的组成和工作原理

1. 基本放大电路的组成

基本放大电路是指由一个放大器件（如三极管）所构成的简单放大电路。由前面的分析可知，三极管有3个电极，因此有3种不同的电路组态，分别是共发射极放大电路、共基极放大电路、共集电极放大电路。本节以共发射极放大电路为例，讲解其工作原理，如图2.4所示。

在放大电路中，常把输入电压、输出电压以及直流电压的公共端称为"地"，用符号"⊥"表示，实际上该端并不是真正接到地，而是在分析放大电路时，以"地"点作为零电位点（即参考电位点），这样，电路中任一点的电位就是该点与"地"之间的电压，便于分析电路。

2. 电路中各元件的功能（图2.5）

VT：三极管，起放大作用，是电路的核心元器件。

V_{CC}：集电极直流电源，为输出信号提供能量。

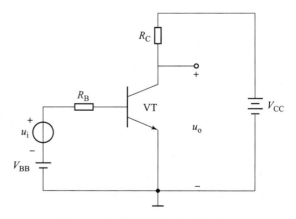

图2.4 基本共发射极放大电路
（固定偏置放大电路）的组成

R_C：集电极负载电阻，将电流的变化转换为集电极电压的变化，然后传送到放大电路的输出端。

V_{BB}：基极直流电源。

R_B：基极电阻。

V_{BB} 和 R_B 的作用：①为三极管的发射结提供正向偏置电压；②共同决定了当不加输入电压 u_i 时三极管基极回路的电流，这个电流称为静态基流。

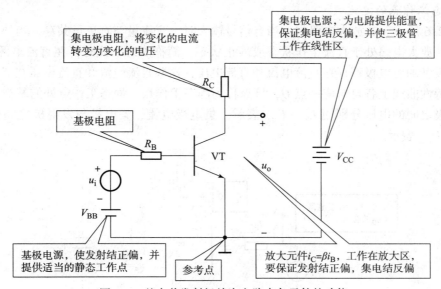

图 2.5　基本共发射极放大电路中各元件的功能

3．放大电路组成的原则

（1）三极管必须工作在放大区。

$$\begin{cases} \text{NPN 管}：U_C > U_B > U_E \\ \text{PNP 管}：U_C < U_B < U_E \end{cases}$$

（2）动态信号能够作用于晶体管的输入回路，即 $u_i \to i_B$。

（3）在负载上能够获得放大了的动态信号，即 $i_B \to i_C \to u_o$。

（4）输出波形基本不失真。

4．实现放大的条件

（1）晶体管必须工作在放大区，即发射结正偏，集电结反偏。

（2）正确设置静态工作点，使整个波形处于放大区。

（3）输入回路将变化的电压转化成变化的基极电流。

（4）输出回路将变化的集电极电流转化成变化的集电极电压，经电容滤波后只输出交流信号。

5．共发射极放大电路的工作原理

假设在放大电路的输入端加上一个微小的输入电压变化量 Δu_i，则三极管基极与发射极之间的电压也将随之发生变化 Δu_{BE}，因三极管的发射结处于正向偏置状态，故当发射结电压发生变化时，将引起基极电流产生相应的变化 Δi_B，由于三极管工作在放大区，具有电流放大作用，于是引起集电极电流发生变化 Δi_C。这个集电极电流的变化量流过集电极负载电

阻 R_C，使集电极电压也发生相应的变化 Δu_{CE}。

$$\Delta u_i \uparrow \to \Delta u_{BE} \uparrow \to \Delta i_B \uparrow \to \Delta i_C \uparrow \to \Delta u_{CE} \downarrow (\Delta u_{CE} = -\Delta i_C R_C) = \Delta u_o \downarrow$$

2.3 放大电路的静态工作点

1. 静态工作点的定义

如图2.6所示，在放大电路中，当有信号输入时，交流量与直流量共存。当外加输入信号为0时，放大电路处于直流工作状态或静止状态，简称静态。此时，在直流电源 V_{CC} 的作用下，三极管的各电极都存在直流电流和直流电压，这些直流电流和直流电压在三极管的输入和输出特性曲线上各自对应一点 Q，该点称为静态工作点。静态工作点处的基极电流、基极与发射极之间的电压分别用 I_{BQ}、U_{BEQ} 表示，集电极电流、集电极与发射极之间的电压分别用 I_{CQ}、U_{CEQ} 表示。

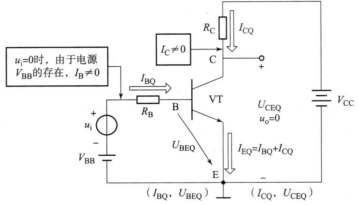

图 2.6 静态工作点在共射放大电路中的描述示意图

（I_{BQ}，U_{BEQ}）和（I_{CQ}，U_{CEQ}）分别对应于输入输出特性曲线上的一个点，称为静态工作点，如图2.7所示。

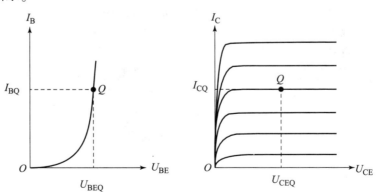

图 2.7 静态工作点在输入输出特性曲线上的位置

静态：$u_i = 0$ 时，放大电路的工作状态，也称为直流工作状态。

动态：$u_i \neq 0$ 时，放大电路的工作状态，也称为交流工作状态。

对放大电路建立正确的静态，是保证动态工作的前提。分析放大电路必须要正确地区分静态和动态，正确地区分直流通路和交流通路。

2. 设置静态工作点的必要性

放大电路中设置合适的静态工作点，使交流信号驮载在直流分量之上，保证晶体管在输入信号的整个周期内始终工作在放大状态，输出电压波形才不会产生失真，如图2.8所示。

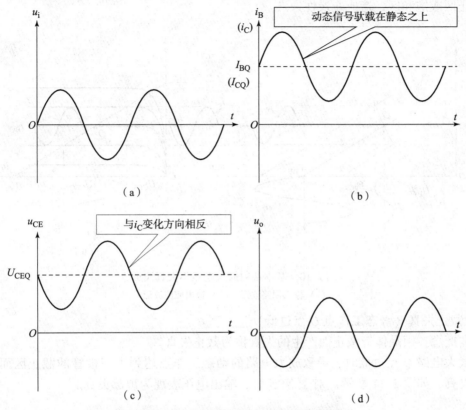

图 2.8　基本共发射极放大电路的波形分析
（a）u_i 波形；（b）$i_B(i_C)$ 波形；（c）u_{CE} 波形；（d）u_o 波形

静态工作点的设置不仅会影响放大电路是否会产生失真，还会影响放大倍数、最大输出电压等动态参数。基本共发射极放大电路各点波形如图2.9所示。

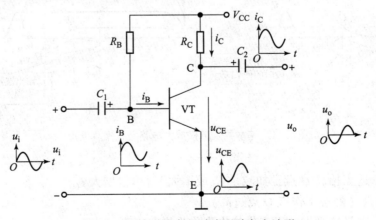

图 2.9　基本共发射极放大电路各点波形

3. 放大电路的失真分析

在放大电路中,输出信号应该成比例地放大输入信号(即线性放大)。如果两者不成比例,则输出信号不能反映输入信号的情况,放大电路产生非线性失真。为了得到尽量大的输出信号,要把 Q 设置在交流负载线的中间部分,如图 2.10 所示。如果 Q 设置不合适,信号进入截止区或饱和区,造成非线性失真。

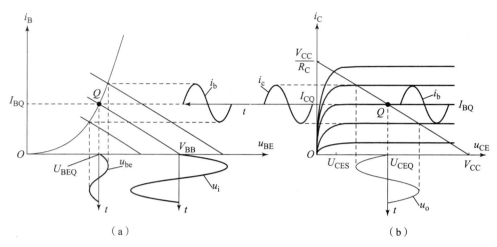

图 2.10　基本共射放大电路不失真波形
(a) 输入回路波形;(b) 输出回路波形

1) 截止失真(静态工作点 Q 点过低)

基本概念:因晶体管截止而产生的失真称为截止失真。

当放大电路 Q 点过低时,导致放大电路的动态工作点达到了三极管的截止区而引起的非线性失真,如图 2.11 所示。对于 NPN 管,输出电压表现为顶部失真。

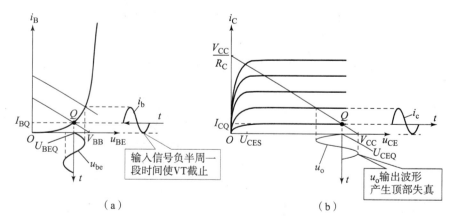

图 2.11　基本共发射极放大电路截止失真波形
(a) 输入回路波形;(b) 输出回路波形

消除方法:适当抬高 Q 点,如减小 R_B 或增大 V_{BB} 可以增大 I_{BQ}。

2) 饱和失真(静态工作点 Q 点过高)

基本概念:因晶体管饱和而产生的失真称为饱和失真。

当放大电路 Q 点过高时,导致放大电路的动态工作点达到了三极管的饱和区而引起的非线性失真,如图 2.12 所示。对于 NPN 管,输出电压表现为底部失真。

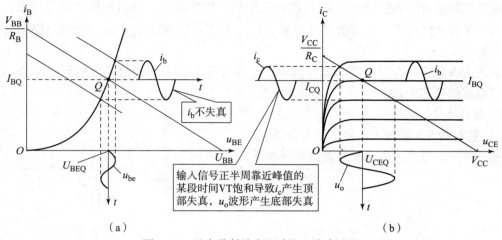

图 2.12　基本共射放大电路饱和失真波形
(a) 输入回路波形;(b) 输出回路波形

消除方法:适当降低 Q 点,如增大 R_B 或减小 V_{BB} 可以减小 I_{BQ}。

上述两种失真都是由于静态工作点选择不当或输入信号幅度过大,使三极管工作在特性曲线的非线性部分所引起的失真,因此统称为非线性失真。一般来说,如果希望输出幅度大而失真小,工作点最好选在交流负载线的中点。

注意:对于 PNP 管,由于是负电源供电,所以失真的表现形式与 NPN 管正好相反。

2.4　放大电路的分析方法

放大电路有两种工作状态,分别是没有交流信号输入时的静态和有交流信号输入时的动态。下面分别对这两种状态进行介绍和分析(图 2.13)。

1)静态

$u_i=0$(没有输入交流信号电压)。在直流电源 V_{CC} 作用下,U_{BE}、I_B、U_{CE}、I_C 均为直流,它们分别可以在输入、输出特性曲线上确定一个点 Q,这个 Q 点就称为静态工作点。

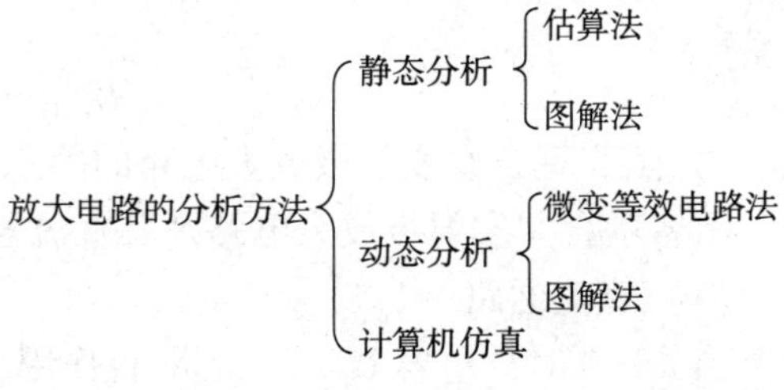

2)动态

输入交流信号 u_i,放大器处于放大工作状态,电路中的电压、电流都将发生变化。显然,放大电路中有两个电源(V_{CC} 和 u_i)同时出现,即交、直流并存。

所以对放大器进行分析时,要分以下两种情况。

静态:求 Q 点(直),用直流通路。

动态:求 A_u、R_i、R_o(交),用交流通路。

图 2.13　放大电路的分析方法

2.4.1 放大电路的静态分析

放大电路没有输入信号（$u_i = 0$）时的工作状态称为静态。静态分析的任务是根据电路参数和三极管的特性确定静态值（直流值）I_{BQ}、U_{BEQ}、I_{CQ} 和 U_{CEQ}。可用放大电路的直流通路来分析。

对放大电路建立合适的静态值，是为了使三极管在加入交流信号后也始终工作在放大区，以保证信号不失真。

1. 估算法

1）基本共发射极放大电路的静态分析

基本共发射极放大电路及其直流通路如图 2.14 所示。

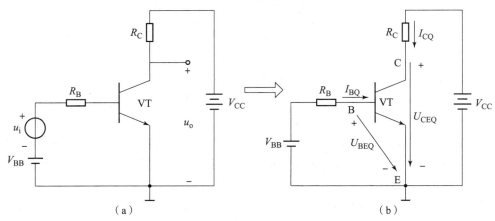

图 2.14 基本共发射极放大电路及其直流通路
（a）基本共发射极放大电路；（b）基本共发射极放大电路直流通路

根据直流通路可得

$$I_{BQ} = \frac{V_{BB} - U_{BEQ}}{R_B} \approx \frac{V_{BB}}{R_B} \tag{2.14}$$

其中：$U_{BEQ} = 0.6 \sim 0.7 \text{ V}$（或 $0.2 \sim 0.3 \text{ V}$）。

$$I_{CQ} \approx \beta I_{BQ} \tag{2.15}$$

$$U_{CEQ} = V_{CC} - I_{CQ} R_C \tag{2.16}$$

2）阻容耦合共发射极放大电路的静态分析

阻容耦合共发射极放大电路及其直流通路如图 2.15 所示。

（1）直流通路。

当 $u_i = 0$ 时，电容 C_1、C_2 起隔直作用，得相应的直流通路。

（2）静态值估算。

根据直流通路可得

$$I_{BQ} = \frac{V_{CC} - U_{BEQ}}{R_B} \approx \frac{V_{CC}}{R_B} \tag{2.17}$$

其中：$U_{BEQ} = 0.6 \sim 0.7 \text{ V}$（或 $0.2 \sim 0.3 \text{ V}$）。

$$I_{CQ} \approx \beta I_{BQ} \tag{2.18}$$

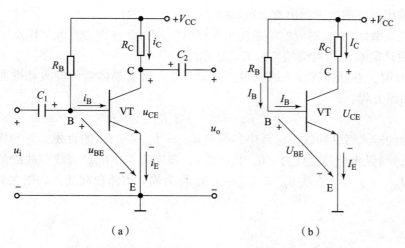

图 2.15 阻容耦合共发射极放大电路及其直流通路
（a）阻容耦合共发射极放大电路；（b）阻容耦合共发射极放大电路直流通路

$$U_{CEQ} = V_{CC} - I_{CQ}R_C \tag{2.19}$$

估算法确定静态工作点的要领：先画出放大器的直流通路，再根据直流通路估算三极管的 I_{BQ}、I_{CQ}、U_{CEQ} 值。

例 2.1 已知 $V_{CC}=12\text{ V}$，$R_C=4\text{ k}\Omega$，$R_B=300\text{ k}\Omega$，$\beta=37.5$，用估算法计算静态工作点。

$$I_{BQ} \approx \frac{V_{CC}}{R_B} = \frac{12}{300} = 0.04(\text{mA}) = 40(\mu\text{A})$$

$$I_{CQ} \approx \beta I_{BQ} = 37.5 \times 0.04 = 1.5(\text{mA})$$

$$U_{CEQ} = V_{CC} - I_{CQ}R_C = 12 - 1.5 \times 4 = 6(\text{V})$$

需注意电路中 I_B 和 I_C 的数量级。

2. 图解法

图解分析法就是利用三极管的输入输出特性曲线，通过作图的方法对放大电路的性能指标进行分析（图 2.16）。通常先进行静态分析，即对放大电路未加输入信号时的工作状态进行分析，求解电路中各处的直流电压和直流电流；然后进行动态分析，即对放大电路加上输入信号后的工作状态进行分析。步骤如下。

（1）首先用图解法或计算法确定 U_{BEQ}、I_{BQ}。

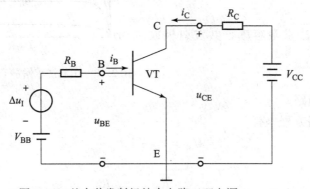

图 2.16 基本共发射极放大电路（双电源 V_{BB}、V_{CC}）

（2）在输出特性曲线中画出直流负载线。
（3）直流负载线与 I_{BQ} 对应的那条输出特性曲线的交点 Q 即为直流工作点。
（4）最后确定 Q 点所对应的坐标 U_{CEQ}、I_{CQ}。

当 $\Delta u_1 = 0$ 时，在晶体管输入回路中，静态工作点既在晶体管的输入特性曲线上，又应满足电路的回路方程，即

$$u_{BE} = V_{BB} - i_B R_B \tag{2.20}$$

在晶体管的输入特性曲线坐标系中，画出 $u_{BE} = V_{BB} - i_B R_B$ 的直线，它与横坐标的交点为 $(V_{BB}, 0)$，与纵坐标的交点为 $(0, V_{BB}/R_B)$，斜率为 $-1/R_B$。直线与曲线的交点就是静态工作点 $Q(I_{BQ}, U_{BEQ})$。直线 $u_{BE} = V_{BB} - i_B R_B$ 称为输入回路负载线，如图 2.17 所示。

图 2.17　图解法求解静态工作点（输入回路）

在晶体管的输出回路中，静态工作点既应在 $I_B = I_{BQ}$ 的那条输出特性曲线上，又应满足外电路的回路方程，即

$$u_{CE} = V_{CC} - i_C R_C \tag{2.21}$$

在输出特性坐标系中，画出式（2.21）确定的直线，它与横轴的交点为 $(V_{CC}, 0)$，与纵轴的交点为 $(0, V_{CC}/R_C)$，斜率为 $-1/R_C$；并找到 $I_B = I_{BQ}$ 的那条输出特性曲线，该曲线与上述直线的交点就是静态工作点 $Q(I_{CQ}, U_{CEQ})$。直线 $u_{CE} = V_{CC} - i_C R_C$ 称为输出回路负载线，如图 2.18 所示。

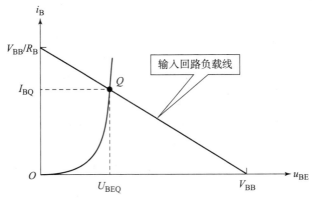

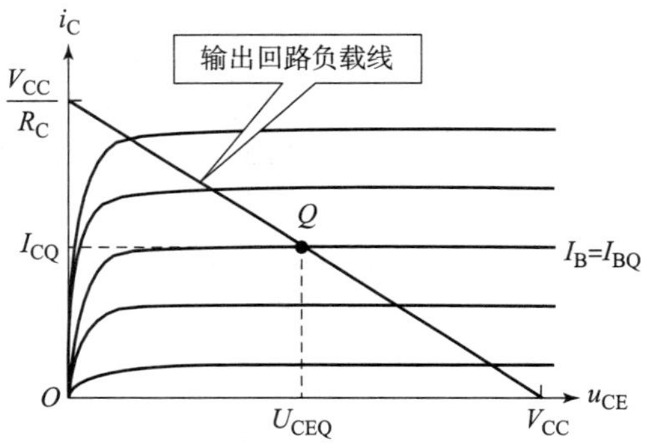

图 2.18　图解法求解静态工作点（输出回路）

例 2.2　用图解法求阻容耦合共发射极放大电路的静态工作点。

解： 步骤如下。
（1）画出直流通路。
（2）列输入回路方程，有

$$U_{BE} = V_{BB} - I_B R_B$$

所以

$$I_B = \frac{V_{BB} - U_{BE}}{R_B} \approx \frac{V_{BB}}{R_B}$$

（3）列输出回路方程。

$$U_{CE} = V_{CC} - I_C R_C$$

所以
$$I_C = -\frac{1}{R_C} U_{CE} + \frac{V_{CC}}{R_C}$$

上述是一直线方程，对应曲线称为输出回路负载线。

（4）在对应的输出特性曲线上作直流负载线。

由线性方程 $\begin{cases} U_{CE} = V_{CC} - I_C R_C \\ I_C = -\dfrac{1}{R_C} U_{CE} + \dfrac{V_{CC}}{R_C} \end{cases}$ 得直流负载线的斜率为 $-\dfrac{1}{R_C}$。

令 $I_C = 0$，则 $U_{CE} = V_{CC}$；令 $U_{CE} = 0$，则 $I_C = \dfrac{V_{CC}}{R_C}$。将直流负载线绘制在对应的输出特性曲线上。

（5）确定静态工作点 Q 及静态值。

由 $U_{CE} - I_C$ 特性曲线，得 $Q(U_{CEQ}, I_{CQ}) \big|_{I_B = I_{BQ}}$

作图依据为：$I_B \approx \dfrac{V_{CC}}{R_B}$，$I_C = -\dfrac{1}{R_C} U_{CE} + \dfrac{V_{CC}}{R_C}$。

图解法是根据直流通路估算出 I_{BQ}，再利用三极管输出特性曲线及输出回路直流负载线确定 I_{CQ}、U_{CEQ} 的方法。

图解法的特点：直观形象地反映了晶体管的工作情况，但是必须知道所用管的特性曲线，且误差较大。此外，三极管的特性曲线只能反映信号频率较低时的电压与电流关系，而不反映信号频率较高时极间电容产生的影响。

图解法的适用范围：图解法一般多用于分析输出幅值比较大而工作频率不太高时的情况。在实际应用中多用于分析 Q 点位置、最大不失真输出电压和失真情况。

2.4.2 放大电路的动态分析

放大电路的输入回路加入交流信号时的工作状态称为动态。加入交流输入信号后，三极管的各个电压和电流都含有直流分量和交流分量。

动态分析指的是交流分量的分析，可用放大电路的交流通路来进行分析。

1. 建立小信号模型的意义

由于三极管是非线性器件，这样就使得放大电路的分析非常困难。建立小信号模型，就是将非线性器件做线性化处理，从而简化放大电路的分析和设计。

2. 建立小信号模型的思路

当放大电路输入信号的电压很小时，就可以把三极管小范围内的特性曲线近似地用直线来代替，从而可以把三极管这个非线性器件所组成的电路当作线性电路来处理。

3. 三极管的微变等效电路

1）输入回路

当信号很小时，将输入特性在小范围内近似为线性，如图 2.19 所示。

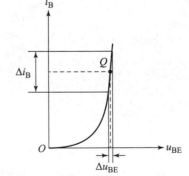

图 2.19　三极管输入特性近似线性

$$r_{be} = \frac{\Delta u_{BE}}{\Delta i_B} = \frac{u_{be}}{i_b} \qquad (2.22)$$

对输入的小交流信号而言，三极管相当于电阻 r_{be}。

对于小功率三极管，有

$$r_{be} = 300(\Omega) + (1+\beta)\frac{26(mV)}{I_E(mA)} \qquad (2.23)$$

2）输出回路

三极管输出特性近似线性，如图 2.20 所示。

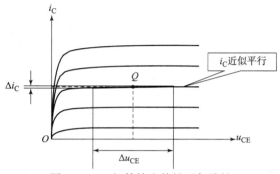

图 2.20　三极管输出特性近似线性

由于：

$$i_C = I_C + i_c = \beta(I_B + i_b) = \beta I_B + \beta i_b$$

因此：

$$i_c = \beta i_b$$

（1）输出端相当于一个受 i_b 控制的电流源。

（2）考虑 u_{CE} 对 i_C 的影响，输出端还要并联一个大电阻 r_{ce}。

（3）$r_{ce} = \frac{\Delta u_{CE}}{\Delta i_C}$，由于 Δu_{CE} 很大，Δi_C 非常小，因此 r_{ce} 很大，一般忽略不计。

3）三极管的微变等效电路

三极管的微变等效电路如图 2.21 所示。

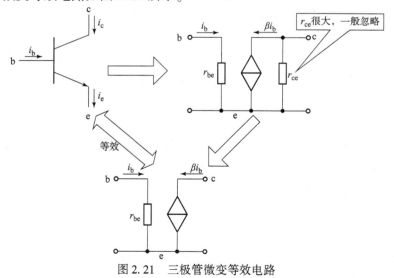

图 2.21　三极管微变等效电路

4. 基本共发射极放大电路动态参数分析

画出交流等效电路（用等效模型取代晶体管），利用三极管的微变等效模型可以求解放大电路的电压放大倍数 A_u、输入电阻 R_i 和输出电阻 R_o。

基本共发射极放大电路的交流等效电路如图 2.22 所示。

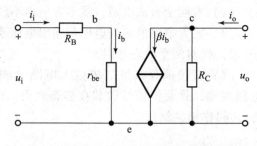

图 2.22 基本共发射极放大电路的交流等效电路

由图 2.22 可得

$$u_i = i_b(R_B + r_{be})$$
$$u_o = -i_c R_C = -\beta i_b R_C \quad (2.24)$$

1）电压放大倍数

由电压放大倍数的定义得

$$A_u = \frac{u_o}{u_i} = \frac{-\beta i_b R_C}{i_b(R_B + r_{be})} = -\frac{\beta R_C}{R_B + r_{be}} \quad (2.25)$$

2）输入电阻

由输入电阻的定义得

$$R_i = \frac{u_i}{i_i} = \frac{i_b(R_B + r_{be})}{i_b} = R_B + r_{be} \quad (2.26)$$

3）输出电阻

由诺顿定理将放大电路输出回路进行变换，变为一个有内阻的电压源，如图 2.23 所示。

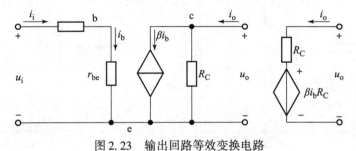

图 2.23 输出回路等效变换电路

由图 2.23 可得

$$R_o = \left.\frac{u_o}{i_o}\right|_{\substack{U_s=0 \\ R_L=\infty}} = R_C \quad (2.27)$$

2.5 放大电路的偏置电路

2.5.1 固定偏置放大电路

1. 基本共发射极放大电路的改进

1）基本共发射极放大电路（图 2.24）的两个缺点

（1）有两个直流电源，既不方便也不经济。

（2）放大电路的输入电压与输出电压不共地。

2）针对两个缺点加以改进

（1）直接耦合共发射极放大电路（图2.25）。将两个电源合二为一，信号源与放大电路共地，且要使信号驮载在静态之上。静态时，$U_{BEQ} = U_{R_{B1}}$；动态时，be间电压是u_I与V_{CC}共同作用的结果。

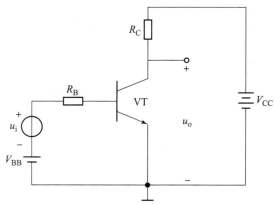

图2.24　基本共发射极放大电路（固定偏置放大电路）的组成

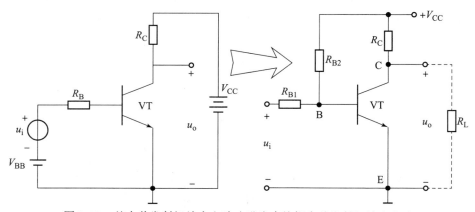

图2.25　基本共发射极放大电路改进为直接耦合共发射极放大电路

（2）阻容耦合共发射极放大电路（图2.26）。C_1、C_2为耦合电容，其作用为：①传递交流信号，对信号频率而言，其容抗足够小，可视作短路，从而保证信号可以顺利地通过，即起到耦合信号的作用，所以常称为耦合电容；②隔断直流，电容器可以隔断电路中不必要的直流成分以免互相影响，因此C_1和C_2也称为隔直电容。

静态时，$U_{C1} = U_{BEQ}$，$U_{C2} = U_{CEQ}$；动态时，$u_{BE} = u_I + U_{BEQ}$，信号驮载在静态之上，负载上只有交流信号。

2. 静态分析和动态分析

1）直接耦合共发射极放大电路（图2.27）求Q点、A_u、R_i和R_o

（1）由直流通路求Q点，即

$$I_{BQ} = \frac{V_{CC} - U_{BEQ}}{R_{B2}} - \frac{U_{BEQ}}{R_{B1}} \qquad (2.28)$$

第2章 基本放大电路

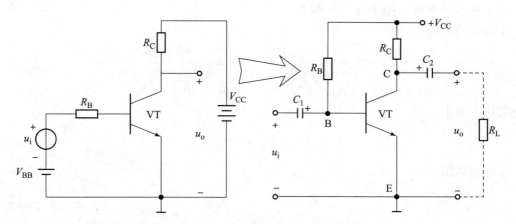

图 2.26 基本共发射极放大电路改进为阻容耦合共发射极放大电路

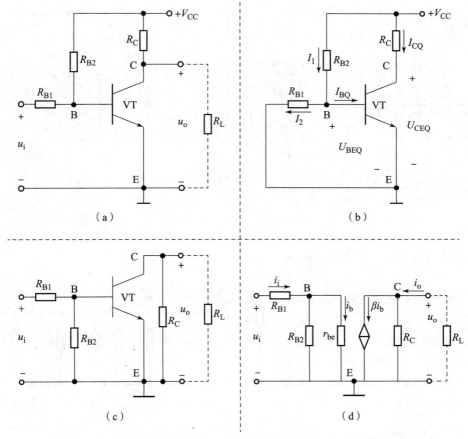

图 2.27 直接耦合共发射极放大电路、直流通路、交流通路、微变等效电路
(a) 直接耦合共发射极放大电路；(b) 直流通路；
(c) 交流通路；(d) 微变等效电路

$$I_{CQ} = \beta I_{BQ} \tag{2.29}$$

$$U_{CEQ} = V_{CC} - I_{CQ} R_C \tag{2.30}$$

71

(2) 由微变等效电路求 A_u、R_i 和 R_o。

① 电压放大倍数，即

$$A_u = \frac{u_o}{u_i} = \frac{-\beta i_b R_C}{\left(\dfrac{i_b r_{be}}{R_{B2}} + i_b\right)R_{B1} + i_b r_{be}} = -\frac{\beta R_C}{\left(\dfrac{r_{be}}{R_{B2}} + 1\right)R_{B1} + r_{be}} \tag{2.31}$$

② 输入电阻，即

$$R_i = \frac{u_i}{i_i} = R_{B1} + (R_{B2} \mathbin{/\mkern-5mu/} r_{be}) \tag{2.32}$$

③ 输出电阻，即

$$R_o = \left.\frac{u_o}{i_o}\right|_{\substack{U_s=0 \\ R_L=\infty}} = R_C \tag{2.33}$$

2) 阻容耦合共发射极放大电路（图 2.28）求 Q 点、A_u、R_i 和 R_o

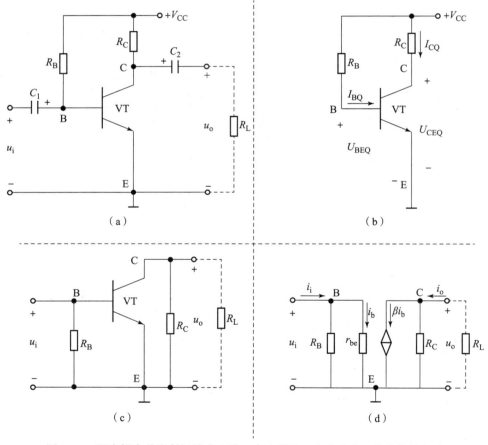

图 2.28 阻容耦合共发射极放大电路、直流通路、交流通路、微变等效电路
(a) 阻容耦合共发射极放大电路；(b) 直流通路；
(c) 交流通路；(d) 微变等效电路

(1) 由直流通路求 Q 点，即

$$I_{BQ} = \frac{V_{CC} - U_{BEQ}}{R_B} \tag{2.34}$$

$$I_{CQ} = \beta I_{BQ} \tag{2.35}$$
$$U_{CEQ} = V_{CC} - I_{CQ}R_C \tag{2.36}$$

(2) 由微变等效电路求 A_u、R_i 和 R_o。
① 电压放大倍数，即
$$A_u = \frac{u_o}{u_i} = \frac{-\beta i_b R_C}{i_b r_{be}} = -\frac{\beta R_C}{r_{be}} \tag{2.37}$$

② 输入电阻，即
$$R_i = \frac{u_i}{i_i} = R_B // r_{be} \tag{2.38}$$

③ 输出电阻，即
$$R_o = \left. \frac{u_o}{i_o} \right|_{\substack{U_s=0 \\ R_L=\infty}} = R_C \tag{2.39}$$

3. 静态工作点的稳定

为了能够稳定工作，放大电路必须有合适的、稳定的静态工作点。但是，温度的变化严重影响静态工作点。对于前面的电路（固定偏置电路）而言，静态工作点由 U_{BE}、β 和 I_{CEO} 决定，这 3 个参数随温度而变化，温度对静态工作点的影响主要体现在以下几个方面。

1）温度对 U_{BE} 的影响

温度上升对 U_{BE} 的影响如图 2.29 所示。

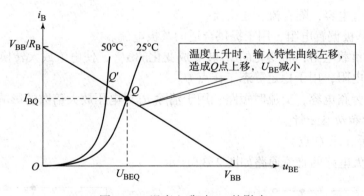

图 2.29 温度上升对 U_{BE} 的影响

$$I_B = \frac{V_{BB} - U_{BE}}{R_B} \tag{2.40}$$

由式（2.40）可得出温度对电压、电流的影响为
$$T\uparrow \to U_{BE}\downarrow \to I_B\uparrow \to I_C\uparrow$$

2）温度对 β 值及 I_{CEO} 的影响

温度上升对 U_{CE} 的影响如图 2.30 所示。
$$U_{CE} = V_{CC} - I_C R_C \tag{2.41}$$

由式（2.41）可得出温度对 β 值及 I_{CEO} 的影响为
$$T\uparrow \to \beta、I_{CEO}\uparrow \to I_C\uparrow$$

综上所述，当温度 T 上升时，集电极电流 I_C 增大，固定偏置电路的 Q 点是不稳定的。Q

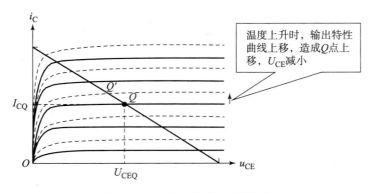

图 2.30 温度上升对 U_{CE} 的影响

点不稳定可能会导致静态工作点靠近饱和区或截止区，从而导致失真。为此，需要改进偏置电路，当温度升高、I_C 增大时，能够自动减小 I_B，从而抑制 Q 点的变化，保持 Q 点基本稳定，常采用分压偏置电路（引入负反馈电路）来稳定静态工作点。

2.5.2 分压偏置放大电路

分压偏置放大电路如图 2.31 所示。

1. 电路中各元件的功能

V_{CC}：直流电源，使发射结正偏，集电结反偏，用于向负载和各元件提供功率。

C_1、C_2：耦合电容，隔直流、通交流。

R_{B1}、R_{B2}：基极偏置电阻，用于提供合适的基极电流。

R_C：集电极负载电阻，将变化的 ΔI_C 转变成变化的 ΔU_C，使电流放大转换为电压放大。

R_E：发射极电阻，用于稳定静态工作点 Q。

C_E：发射极旁路电容，交流时短路，用于消除 R_E 对电压放大倍数的影响。

2. 静态分析和动态分析

1）静态分析（求 Q 点）

分压偏置放大电路的直流通路如图 2.32 所示。

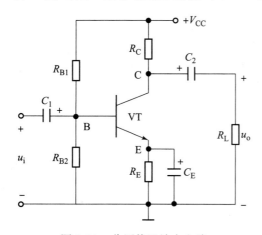

图 2.31 分压偏置放大电路

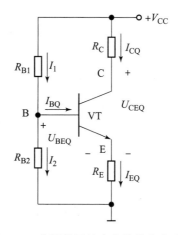

图 2.32 分压偏置放大电路的直流通路

要求 $\begin{cases} I_1 \geqslant (5 \sim 10)I_B \\ U_B \geqslant (5 \sim 10)U_{BE}, \text{若满足} I_2 \gg I_B, \text{则} I_1 \approx I_2 \approx \dfrac{V_{CC}}{R_{B1}+R_{B2}}。\\ I_1 = I_2 + I_B \end{cases}$

基极电压 U_B 与晶体管参数无关，即

$$U_B = I_2 R_{B2} \approx \frac{V_{CC}}{R_{B1}+R_{B2}} R_{B2} \tag{2.42}$$

发射极对地电压为

$$U_E = U_B - U_{BEQ} \tag{2.43}$$

发射极电流为

$$I_{EQ} = \frac{U_E - 0}{R_E} = \frac{U_B - U_{BEQ}}{R_E} \approx \frac{U_B}{R_E} \tag{2.44}$$

$$\begin{cases} I_{CQ} \approx I_{EQ} \\ I_{BQ} = \dfrac{I_{CQ}}{\beta} \approx \dfrac{I_{EQ}}{\beta} \end{cases} \tag{2.45}$$

$$U_{CEQ} = V_{CC} - I_{CQ}R_C - I_{EQ}R_E \approx V_{CC} - I_{CQ}(R_C + R_E) \tag{2.46}$$

可以认为集电极电流与温度无关。

本电路稳压的过程实际是由于加了 R_E 形成了负反馈过程，其稳定 Q 的原理为

$$T\uparrow \to I_C(I_E)\uparrow \to U_E(I_E R_E)\uparrow \to U_{BE}(U_B - U_E)\downarrow \to I_B\downarrow \to I_C\downarrow$$

2）动态分析（求 A_u、R_i 和 R_o）

分压偏置放大电路的交流通路和微变等效电路如图 2.33 所示。

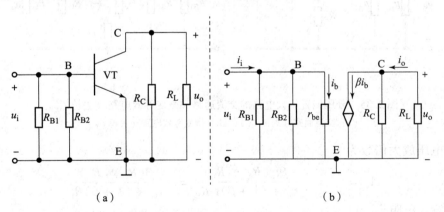

图 2.33 分压偏置放大电路的交流通路和微变等效电路

（a）交流通路；（b）微变等效电路

（1）电压放大倍数，即

$$A_u = \frac{u_o}{u_i} = \frac{-\beta i_b (R_C // R_L)}{i_b r_{be}} = -\frac{\beta (R_C // R_L)}{r_{be}} \tag{2.47}$$

（2）输入电阻，即

$$R_i = \frac{u_i}{i_i} = R_{B1} // R_{B2} // r_{be} \tag{2.48}$$

（3）输出电阻，即

$$R_\mathrm{o} = \left.\frac{u_\mathrm{o}}{i_\mathrm{o}}\right|_{\substack{U_\mathrm{s}=0 \\ R_\mathrm{L}=\infty}} = R_\mathrm{C} \qquad (2.49)$$

3）去掉 C_E 后 Q 点、A_u、R_i、R_o 的变化

其分压偏置放大电路的直流通路（去掉 C_E）如图 2.34 所示。

去掉 C_E 后，直流电路未变化，因此与未去掉 C_E 前的 Q 一致，如图 2.35 所示。

$$I_\mathrm{EQ} = \frac{U_\mathrm{E} - 0}{R_\mathrm{E}} = \frac{U_\mathrm{B} - U_\mathrm{BEQ}}{R_\mathrm{E}} \approx \frac{U_\mathrm{B}}{R_\mathrm{E}} \qquad (2.50)$$

$$\begin{cases} I_\mathrm{CQ} \approx I_\mathrm{EQ} \\ I_\mathrm{BQ} = \dfrac{I_\mathrm{CQ}}{\beta} \approx \dfrac{I_\mathrm{EQ}}{\beta} \end{cases} \qquad (2.51)$$

$$\begin{aligned} U_\mathrm{CEQ} &= V_\mathrm{CC} - I_\mathrm{CQ} R_\mathrm{C} - I_\mathrm{EQ} R_\mathrm{E} \\ &\approx V_\mathrm{CC} - I_\mathrm{CQ}(R_\mathrm{C} + R_\mathrm{E}) \end{aligned} \qquad (2.52)$$

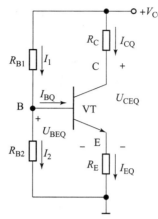

图 2.34 分压偏置放大电路的直流通路（去掉 C_E）

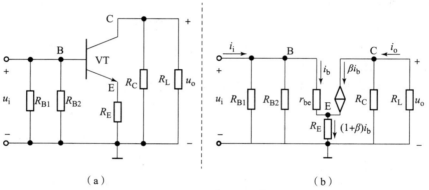

（a）　　　　　　　　　　　　（b）

图 2.35 分压偏置放大电路的交流通路和微变等效电路（去掉 C_E）

（a）交流通路（去掉 C_E）；（b）微变等效电路（去掉 C_E）

（1）电压放大倍数为

$$A_u = \frac{u_\mathrm{o}}{u_\mathrm{i}} = \frac{-\beta i_\mathrm{b}(R_\mathrm{C} /\!/ R_\mathrm{L})}{i_\mathrm{b} r_\mathrm{be} + (1+\beta)i_\mathrm{b} R_\mathrm{E}} = -\frac{\beta(R_\mathrm{C} /\!/ R_\mathrm{L})}{r_\mathrm{be} + (1+\beta)R_\mathrm{E}} \qquad (2.53)$$

（2）输入电阻为

$$R_\mathrm{i} = \frac{u_\mathrm{i}}{i_\mathrm{i}} = R_\mathrm{B1} /\!/ R_\mathrm{B2} /\!/ [r_\mathrm{be} + (1+\beta)R_\mathrm{E}] \qquad (2.54)$$

（3）输出电阻为

$$R_\mathrm{o} = \left.\frac{u_\mathrm{o}}{i_\mathrm{o}}\right|_{\substack{U_\mathrm{s}=0 \\ R_\mathrm{L}=\infty}} = R_\mathrm{C} \qquad (2.55)$$

R_E 使放大器输入电阻增大，但使放大倍数降低。

3. 信号源内阻对电压放大倍数的影响

信号源内阻对电压放大倍数的影响如图 2.36 所示。

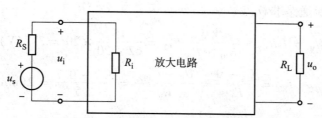

图 2.36 信号源内阻对电压放大倍数的影响

定义源电压放大倍数为

$$A_{us} = \frac{u_o}{u_s}$$

由 $A_{us} = \dfrac{u_o}{u_s}$，$u_i = \dfrac{u_s}{R_i + R_S} \cdot R_i$ 可得出 A_u 和 A_{us} 的关系为

$$A_{us} = \frac{u_o}{u_s} = \frac{u_o}{u_i} \cdot \frac{u_i}{u_s} = \frac{R_i}{R_i + R_S} A_u \tag{2.56}$$

例 2.3 如图 2.37 所示，$\beta = 100$，$R_S = 1 \text{ k}\Omega$，$R_{B1} = 62 \text{ k}\Omega$，$R_{B2} = 20 \text{ k}\Omega$，$R_C = 3 \text{ k}\Omega$，$R_E = 1.5 \text{ k}\Omega$，$R_L = 5.6 \text{ k}\Omega$，$V_{CC} = 15 \text{ V}$，$U_{BEQ} = 0.7 \text{ V}$。求 Q 点、A_u、R_i、R_o、A_{us}。

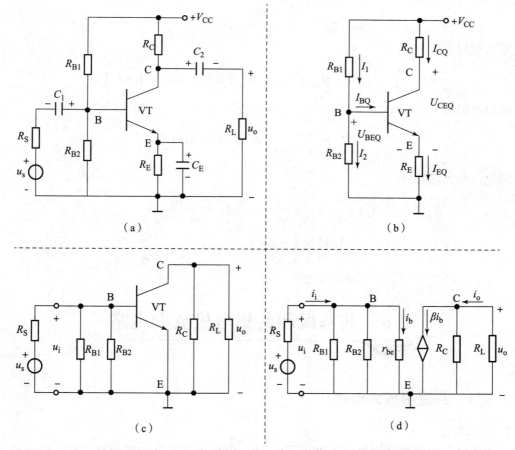

图 2.37 例 2.3 电路图及其直流通路、交流通路、微变等效电路

（a）例 2.3 原电路；（b）直流通路；（c）交流通路；（d）微变等效电路

解：(1) 由直流通路求 Q 点。

$$U_B = I_2 R_{B2} \approx \frac{V_{CC}}{R_{B1} + R_{B2}} R_{B2} = \frac{15}{62 + 20} \times 20 = 3.7(\text{V})$$

$$I_{CQ} \approx I_{EQ} = \frac{U_E - 0}{R_E} = \frac{U_B - U_{BEQ}}{R_E} = \frac{3.7 - 0.7}{1.5} = 2(\text{mA})$$

$$I_{BQ} = \frac{I_{CQ}}{\beta} = \frac{2}{100} = 0.02(\text{mA}) = 20(\mu\text{A})$$

$$U_{CEQ} \approx V_{CC} - I_{CQ}(R_C + R_E) = 15 - 2 \times (3 + 1.5) = 6(\text{V})$$

(2) 由微变等效电路求 A_u、R_i、R_o、A_{us}。

$$r_{be} = 300(\Omega) + (1 + \beta)\frac{26(\text{mV})}{I_E(\text{mA})} = 300 + (1 + 100) \times \frac{26}{2}$$
$$= 1.6(\text{k}\Omega)$$

电压放大倍数为

$$A_u = \frac{u_o}{u_i} = \frac{-\beta i_b (R_C /\!/ R_L)}{i_b r_{be}} = -\frac{\beta(R_C /\!/ R_L)}{r_{be}}$$
$$= -\frac{100 \times (3 /\!/ 5.6)}{1.6}$$
$$= -122$$

输入电阻为

$$R_i = \frac{u_i}{i_i} = R_{B1} /\!/ R_{B2} /\!/ r_{be} = 62 /\!/ 20 /\!/ 1.6 \approx 1.45(\text{k}\Omega)$$

输出电阻为

$$R_o = \frac{u_o}{i_o}\bigg|_{\substack{U_s = 0 \\ R_L = \infty}} = R_C = 3(\text{k}\Omega)$$

源电压放大倍数为

$$A_{us} = \frac{u_o}{u_s} = \frac{u_o}{u_i} \cdot \frac{u_i}{u_s} = \frac{u_i}{u_s} A_u = \frac{R_i}{R_i + R_S} A_u$$
$$= \frac{1.45 \times (-122)}{1 + 1.45}$$
$$= -72.2$$

2.6 共基极和共集电极放大电路

2.6.1 共基极放大电路

1. 电路组成

共基极放大电路的结构如图 2.38 所示。输入电压加在基极和发射极之间，输出电压从集电极和基极两端取出，基极是输入输出电路的共同端点。

2. 静态分析和动态分析

1) 静态分析（求 Q 点）

共基极放大电路的直流通路如图 2.39 所示。

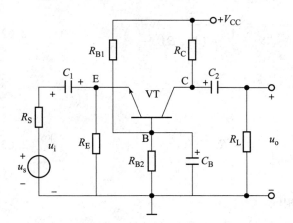

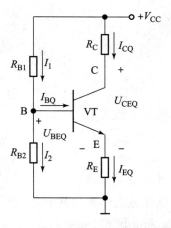

图 2.38 共基极放大电路　　　　图 2.39 共基极放大电路的直流通路

$$U_{BQ} \approx \frac{R_{B2}}{R_{B1}+R_{B2}} \cdot V_{CC} \tag{2.57}$$

$$I_{CQ} \approx I_{EQ} = \frac{U_E - 0}{R_E} = \frac{U_{BQ} - U_{BEQ}}{R_E} \tag{2.58}$$

$$U_{CEQ} = V_{CC} - I_{CQ}R_C - I_{EQ}R_E \approx V_{CC} - I_{CQ}(R_C + R_E) \tag{2.59}$$

$$I_{BQ} = \frac{I_{CQ}}{\beta} \tag{2.60}$$

2) 动态分析（求 A_u、R_i 和 R_o）

共基极放大电路的交流通路和微变等效电路如图 2.40 所示。

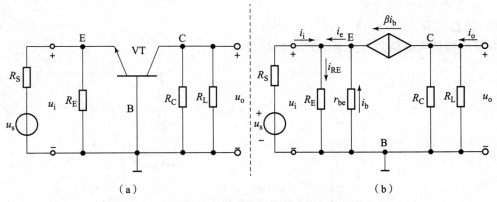

(a)　　　　　　　　　　　(b)

图 2.40　共基极放大电路的交流通路和微变等效电路
(a) 交流通路；(b) 微变等效电路

(1) 电压放大倍数为

$$A_u = \frac{u_o}{u_i} = \frac{-\beta i_b(R_C /\!/ R_L)}{-i_b r_{be}} = \frac{\beta(R_C /\!/ R_L)}{r_{be}} \tag{2.61}$$

(2) 输入电阻为

$$R_i = \frac{u_i}{i_i} = \frac{u_i}{i_{RE} - i_e} = \frac{u_i}{i_{RE} - (1+\beta)i_b}$$

$$= \frac{u_i}{\dfrac{u_i}{R_E} - (1+\beta)\dfrac{-u_i}{r_{be}}} = \frac{1}{\dfrac{1}{R_E} + (1+\beta)\dfrac{1}{r_{be}}} \quad (2.62)$$

$$= R_E \mathbin{/\mkern-5mu/} \frac{r_{be}}{1+\beta}$$

(3) 输出电阻为

$$R_o = \left.\frac{u_o}{i_o}\right|_{\substack{U_s=0\\R_L=\infty}} = R_C \quad (2.63)$$

3. 共基极放大电路的特点

(1) 电压放大倍数与共射极放大电路相同。
(2) u_o 与 u_i 同相。
(3) 没有电流放大能力。
(4) 输入电阻小，输出电阻大。
(5) 在低频放大电路中很少应用。
(6) 共基极电路高频特性好，适用于高频或宽频带场合。

2.6.2 共集电极放大电路

1. 电路组成

共集电极放大电路的结构如图 2.41 所示。输入电压加在基极和地（集电极）之间，输出电压从发射极和集电极两端取出，所以集电极是输入输出电路的共同端点。因为电路从发射极与"地"之间输出信号，所以又称之为射极输出器。

2. 静态分析和动态分析

1) 静态分析（求 Q 点）

共集电极放大电路的直流通路如图 2.42 所示。

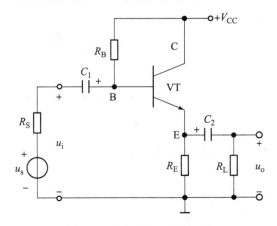

图 2.41 共集电极放大电路

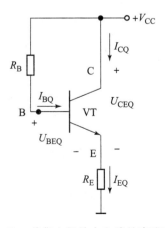

图 2.42 共集电极放大电路的直流通路

由 $\begin{cases} V_{CC} = I_{BQ}R_B + U_{BEQ} + I_{EQ}R_E \\ I_{EQ} = (1+\beta)I_{BQ} \approx \beta I_{BQ} \end{cases}$,可得

$$I_{BQ} = \frac{V_{CC} - U_{BEQ}}{R_B + (1+\beta)R_E} \approx \frac{V_{CC} - U_{BEQ}}{R_B + \beta R_E} \tag{2.64}$$

$$I_{CQ} = \beta \cdot I_{BQ} \tag{2.65}$$

$$U_{CEQ} = V_{CC} - I_{EQ}R_E \approx V_{CC} - I_{CQ}R_E \tag{2.66}$$

2)动态分析(求 A_u、R_i 和 R_o)

共集电极放大电路的交流通路和微变等效电路如图2.43所示。

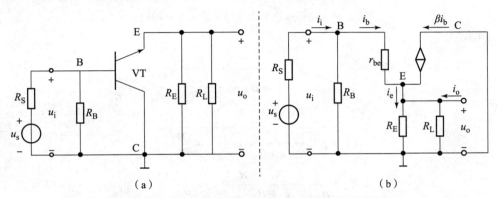

图 2.43 共集电极放大电路的交流通路和微变等效电路
(a)交流通路;(b)微变等效电路

(1)电压放大倍数为

$$A_u = \frac{u_o}{u_i} = \frac{(1+\beta)i_b(R_E /\!/ R_L)}{i_b r_{be} + (1+\beta)i_b(R_E /\!/ R_L)} = \frac{(1+\beta)(R_E /\!/ R_L)}{r_{be} + (1+\beta)(R_E /\!/ R_L)}$$
$$\approx \frac{\beta(R_E /\!/ R_L)}{r_{be} + \beta(R_E /\!/ R_L)} \tag{2.67}$$

一般 $\beta(R_E /\!/ R_L) \gg r_{be}$,则电压增益接近于1,即 $A_u \approx 1$;u_o 与 u_i 同相,输出电压与输入电压幅度相近,可以用作电压跟随器。

(2)输入电阻为

$$R_i = \frac{u_i}{i_i} = \frac{u_i}{\frac{u_i}{R_B} + \frac{u_i}{r_{be} + (1+\beta)(R_E /\!/ R_L)}} \tag{2.68}$$
$$= R_B /\!/ [r_{be} + (1+\beta)(R_E /\!/ R_L)]$$

由于一般 $(1+\beta)(R_E /\!/ R_L) \gg r_{be}$,因此当 $\beta \gg 1$ 时,$R_i \approx R_B /\!/ [\beta(R_E /\!/ R_L)]$。输入电阻比较大,与负载电阻有关。

(3)输出电阻,其求解电路如图2.44所示。

由电路列出方程

$$\begin{cases} i_o = i_b + \beta i_b + i_{RE} \\ u_o = i_b[r_{be} + (R_S /\!/ R_B)] \\ u_o = i_{RE} R_E \end{cases} \tag{2.69}$$

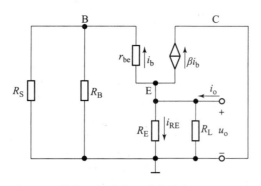

图 2.44 共集电极放大电路求输出电阻的电路

则输出电阻为

$$R_\text{o} = \left.\frac{u_\text{o}}{i_\text{o}}\right|_{\substack{U_\text{s}=0 \\ R_\text{L}=\infty}} = \frac{u_\text{o}}{(1+\beta)\dfrac{u_\text{o}}{r_\text{be}+(R_\text{S}\mathbin{/\mkern-5mu/} R_\text{B})}+\dfrac{u_\text{o}}{R_\text{E}}}$$

$$= \frac{1}{(1+\beta)\dfrac{1}{r_\text{be}+(R_\text{S}\mathbin{/\mkern-5mu/} R_\text{B})}+\dfrac{1}{R_\text{E}}} \quad (2.70)$$

$$= R_\text{E} \mathbin{/\mkern-5mu/} \frac{r_\text{be}+(R_\text{S}\mathbin{/\mkern-5mu/} R_\text{B})}{1+\beta}$$

当 $R_\text{E} \gg \dfrac{r_\text{be}+(R_\text{S}\mathbin{/\mkern-5mu/} R_\text{B})}{1+\beta}$，$\beta \gg 1$ 时，$R_\text{o} \approx \dfrac{r_\text{be}+(R_\text{S}\mathbin{/\mkern-5mu/} R_\text{B})}{\beta}$。输出电阻小，且与信号源内阻有关。

3. 共集电极电路的特点

（1）电压增益小于 1 但接近于 1，u_o 与 u_i 同相。
（2）输入电阻大，对电压信号源衰减小。
（3）输出电阻小，带负载能力强。
（4）常用作输入级、输出级、中间隔离级。

4. 3 种常见电路主要性能指标比较

固定偏置电路、分压偏置电路和射极输出电路主要性能指标比较如表 2.1 所示。

表 2.1 固定偏置电路、分压偏置电路和射极输出电路比较

名称	固定偏置电路	分压偏置电路	射极输出电路
电路	(电路图)	(电路图)	(电路图)

续表

名称	固定偏置电路	分压偏置电路	射极输出电路
静态工作点计算	$I_B = \dfrac{V_{CC} - U_{BE}}{R_B} \approx \dfrac{V_{CC}}{R_B}$ $I_C = \beta I_B$ $U_{CE} = V_{CC} - I_C R_C$	$U_B \approx \dfrac{V_{CC}}{R_{B1} + R_{B2}} R_{B2}$ $I_C \approx I_E = \dfrac{U_E}{R_E} = \dfrac{U_B - U_{BE}}{R_E} \approx \dfrac{U_B}{R_E}$ $I_B = \dfrac{I_C}{\beta}$ $U_{CE} = V_{CC} - I_C R_C - I_E R_E$ $\approx V_{CC} - I_C(R_C + R_E)$	$I_B = \dfrac{V_{CC} - U_{BE}}{R_B + (1+\beta)R_E}$ $\approx \dfrac{V_{CC}}{R_B + (1+\beta)R_E}$ $I_C = \beta I_B$ $U_{CE} = V_{CC} - I_E R_E$ $\approx V_{CC} - I_C R_E$
微变等效电路	(见图)	(见图)	(见图)
电压放大倍数	$A_u = \dfrac{\dot{U}_o}{\dot{U}_i} = -\beta \dfrac{R'_L}{r_{be}}$ $R'_L = R_C \mathbin{/\mkern-5mu/} R_L$	$A_u = \dfrac{\dot{U}_o}{\dot{U}_i} = -\beta \dfrac{R'_L}{r_{be}}$ $R'_L = R_C \mathbin{/\mkern-5mu/} R_L$	$A_u = \dfrac{\dot{U}_o}{\dot{U}_i} = \dfrac{(1+\beta)R'_L \dot{I}_b}{r_{be}\dot{I}_b + (1+\beta)R'_L \dot{I}_b}$ $= \dfrac{(1+\beta)R'_L}{r_{be} + (1+\beta)R'_L}$ $R'_L = R_E \mathbin{/\mkern-5mu/} R_L$
输入电阻	$R_i = \dfrac{\dot{U}_i}{\dot{I}_i} = R_B \mathbin{/\mkern-5mu/} r_{be}$	$R_i = \dfrac{\dot{U}_i}{\dot{I}_i} = R_{B1} \mathbin{/\mkern-5mu/} R_{B2} \mathbin{/\mkern-5mu/} r_{be}$	$R_i = R_B \mathbin{/\mkern-5mu/} [r_{be} + (1+\beta)R'_L]$
输出电阻	$R_o = R_C$	$R_o = R_C$	$R_o = R_E \mathbin{/\mkern-5mu/} \dfrac{r_{be} + (R_S \mathbin{/\mkern-5mu/} R_B)}{1+\beta}$

2.7 放大电路 3 种组态的比较

1. 3 种组态的判别

以输入输出信号的位置为判断依据，有以下几点。

（1）信号由基极输入、集电极输出——共发射极放大电路。

（2）信号由基极输入、发射极输出——共集电极放大电路。

（3）信号由发射极输入、集电极输出——共基极放大电路。

2. 3 种组态的特点及用途

综上所述，晶体管单管放大电路的 3 种基本接法的特点及用途归纳如下。

1) 共发射极放大电路

共发射极放大电路既能放大电流又能放大电压，输入电阻在 3 种电路中居中，输出电阻较大，频带较窄。适用于低频情况下作多级放大电路的中间级。

2) 共基极放大电路

共基极放大电路只能放大电压不能放大电流，输入电阻小，电压放大倍数值和输出电阻与共发射极电路相当，频率特性是 3 种接法中最好的电路。高频特性较好，常用于高频或宽频带、低输入阻抗的场合，模拟集成电路中也兼有电位移动的功能。

3) 共集电极放大电路

共集电极放大电路只能放大电流不能放大电压，是 3 种接法中输入电阻最大、输出电阻最小的电路，并具有电压跟随的特点。常用于多级放大电路的输入级和输出级，在功率放大电路中也常采用射极输出的形式。

3. 放大电路 3 种组态的主要性能比较

放大电路 3 种组态的主要性能比较如表 2.2 所示。

本章小结

放大电路是电子电路中最基本的电路之一，它的性能可以用放大电路的参数进行描述，这些参数主要有放大倍数、输入电阻、输出电阻、通频带、非线性失真系数、最大不失真输出电压、最大输出功率和效率等。

1. 放大电路的静态分析和动态分析

静态分析就是在静态时，分析放大电路的静态工作点 $Q(I_{BQ}、I_{CQ}、U_{CEQ})$ 的值；动态分析是在动态时，分析放大电路的主要性能参数（电压放大倍数 A_u、输入电阻 R_i 和输出电阻 R_o）的值。

2. 静态工作点

放大电路最合适的静态工作点 Q 应在交流负载线的中间位置，静态工作点 Q 过高容易造成饱和失真，过低容易造成截止失真，静态工作点的稳定直接影响放大电路的性能。

3. 分压偏置放大电路

三极管是一种温度敏感器件，当温度变化时，三极管的各种参数将随之发生变化，使放大电路的静态工作点不稳定，甚至不能正常工作。常采用分压偏置电路，实际上是采用负反馈原理来稳定静态工作点。

4. 放大电路的 3 种组态

放大电路有 3 种组态，即共发射极、共集电极、共基极。判断这 3 种组态，一般看哪个电极是交流接地，就是共什么组态。有时 3 个电极中没有一个电极是直接接地的，这时还要看哪个电极是输入电极、哪个电极是输出电极，才能确定放大电路的组态。

表 2.2 放大电路 3 种组态的主要性能比较

项目	共发射极放大电路	共基极放大电路	共集电极放大电路
电路图	(共发射极电路图)	(共基极电路图)	(共集电极电路图)
电压增益 A_u	$A_u = -\dfrac{\beta(R_C // R_L)}{r_{be} + (1+\beta)R_E}$	$A_u = \dfrac{\beta(R_C // R_L)}{r_{be}}$	$A_u = \dfrac{(1+\beta)(R_E // R_L)}{r_{be} + (1+\beta)(R_E // R_L)}$
u_o 与 u_i 的相位关系	反相	同相	同相
输入电阻	$R_i = R_{B1} // R_{B2} // [r_{be} + (1+\beta)R_E]$	$R_i \approx R_E // \dfrac{r_{be}}{1+\beta}$	$R_i = R_B // [r_{be} + (1+\beta)(R_E // R_L)]$
输出电阻	$R_o = R_C$	$R_o = R_C$	$R_o = R_E // \dfrac{r_{be} + (R_S // R_B)}{1+\beta}$
用途	多级放大电路的中间级	输入级、中间级、输出级	高频或宽频带电路

习　　题

一、选择题

1. 放大电路设置偏置电路的目的是（　　）。
   A. 使放大器工作在截止区，避免信号在放大过程中失真
   B. 使放大器工作在饱和区，避免信号在放大过程中失真
   C. 使放大器工作在线性放大区，避免放大波形失真
   D. 使放大器工作在集电极最大允许电流 I_{CM} 状态下

2. 在固定偏置放大电路中，若偏置电阻 R_B 断开，则（　　）。
   A. 三极管会饱和　　　　　　　　　　　B. 三极管可能烧毁
   C. 三极管发射结反偏　　　　　　　　　D. 放大波形出现截止失真

3. 放大电路在未输入交流信号时，电路所处工作状态是（　　）。
   A. 静态　　　　B. 动态　　　　C. 放大状态　　　　D. 截止状态

4. 在放大电路中，三极管静态工作点用（　　）表示。
   A. I_b、I_c、U_{ce}　　B. I_{BQ}、I_{CQ}、U_{CEQ}　　C. i_B、i_C、u_{CE}　　D. i_b、i_c、u_{ce}

5. 在放大电路中的交直流电压、电流用（　　）表示。
   A. I_b、I_c、U_{ce}　　B. I_B、I_C、U_{CE}　　C. i_B、i_C、u_{CE}　　D. i_b、i_c、u_{ce}

6. 在共发射极放大电路中，输入交流信号 u_i 与输出信号 u_o 相位（　　）。
   A. 相反　　　　B. 相同　　　　C. 正半周时相同　　　　D. 负半周时相反

7. 在基本放大电路中，输入耦合电容 C_1 的作用是（　　）。
   A. 通直流和交流　　B. 隔直流通交流　　C. 隔交流通直流　　D. 隔交流和直流

8. 描述放大器对信号电压的放大能力，通常使用的性能指标是（　　）。
   A. 电流放大倍数　　B. 功率放大倍数　　C. 电流增益　　D. 电压放大倍数

9. 画放大器的直流通路时应将电容器视为（　　）。
   A. 开路　　　　B. 短路　　　　C. 电池组　　　　D. 断路

10. 画放大器的交流通路时，应将直流电源视为（　　）。
    A. 开路　　　　B. 短路　　　　C. 电池组　　　　D. 断路

11. 在共发射极放大电路中，偏置电阻 R_B 增大，三极管的（　　）。
    A. U_{CE} 减小　　B. I_C 减小　　C. I_C 增大　　D. I_B 增大

12. 放大器外接一负载电阻 R_L 后，输出电阻 r_o 将（　　）。
    A. 增大　　　　B. 减小　　　　C. 不变　　　　D. 等于 R_L

二、填空题

1. 放大器的功能是把_____电信号转化为_____的电信号，实质上是一种能量转换器，它将_____电能转换成_____电能，输出给负载。

2. 基本放大电路中三极管的作用是进行电流放大，三极管工作在_____区是放大电路能放大信号的必要条件，为此，外电路必须使三极管发射结_____，集电结_____，且要有一个合适的_____。

3. 基本放大电路3种组态是_____、_____、_____。
4. 三极管放大电路静态分析就是要计算静态工作点，即计算_____、_____、_____3个值。
5. 放大电路的静态分析方法有_____、_____。
6. 放大电路的动态分析方法有_____、_____。
7. 若静态工作点选得过高，容易产生_____失真；若静态工作点选得过低，容易产生_____失真。
8. 从放大器_____端看进去的_____称为放大器的输入电阻。而放大器的输出电阻是去掉负载后，从放大器_____端看进去的_____。
9. 在共发射极放大电路中，输入电压 u_i 与输出电流 i_o 相位_____，与输出电压 u_o 相位_____。
10. 对于直流通路而言，放大器中的电容可视为_____，电感可视为_____，信号源可视为_____；对于交流通路而言，容抗小的电容器可视作_____，内阻小的电源可视作_____。
11. 常用的静态工作点稳定的电路为_____电路。
12. 射极输出器的特点如下。
（1）电压放大倍数_____，无_____放大能力，有_____放大能力；输出电压与输入电压的相位_____。
（2）输入电阻_____（选填"大"或"小"），常用它作为多级放大电路的_____级以提高_____。
（3）输出电阻_____（选填"大"或"小"），_____能力强，常用它作为多级放大电路的_____级。
（4）通常还可作_____级。

三、判断题

1. 放大器通常用 I_B、I_C 和 U_{CE} 表示静态工作点。（   ）
2. 放大器的输出与输入电阻都应越大越好。（   ）
3. 为消除放大电路的饱和失真，可适当增大偏置电阻 R_B。（   ）
4. 在基本放大电路中，输入耦合电容 C_1 的作用是隔交流通直流。（   ）
5. 共发射极放大器的输出电压与输入电压的相位相同。（   ）

四、计算题

1. 共发射极放大电路中（图2.45），$V_{CC} = 12$ V，三极管的电流放大系数 $\beta = 40$，$r_{be} = 1$ kΩ，$R_B = 300$ kΩ，$R_C = 4$ kΩ，$R_L = 4$ kΩ。求：（1）接入负载电阻 R_L 前、后的电压放大倍数；（2）输入电阻 R_i 和输出电阻 R_o。
2. 已知图2.46所示电路中晶体管的 $\beta = 100$，$r_{be} = 1$ kΩ。
（1）现已测得静态管压降 $U_{CE} = 6$ V，试估算 R_B 约为多少 kΩ。
（2）若测得 $\dot{U}_i$ 和 $\dot{U}_o$ 的有效值分别为 1 mV 和 100 mV，则负载电阻 R_L 为多少 kΩ？

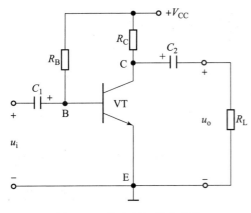

图 2.45 共发射极放大电路　　　　图 2.46 计算题 2 电路

3. 图 2.47 所示为分压式偏置放大电路，已知 $V_{CC} = 15\ \text{V}$，$R_C = 3\ \text{k}\Omega$，$R_E = 2\ \text{k}\Omega$，$R_{B1} = 25\ \text{k}\Omega$，$R_{B2} = 10\ \text{k}\Omega$，$R_L = 5\ \text{k}\Omega$，$\beta = 50$，$r_{be} = 1\ \text{k}\Omega$，$U_{BE} = 0.7\ \text{V}$。试求：（1）静态值 I_B、I_C 和 U_{CE}；（2）计算电压放大倍数 A_u。

4. 电路如图 2.48 所示，晶体管的 $\beta = 60$，$r_{be} = 1\ \text{k}\Omega$，$U_{BE} = 0.7\ \text{V}$。试求：（1）静态工作点；（2）$A_u$、$R_i$ 和 R_o。

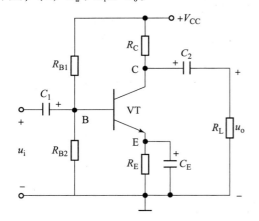
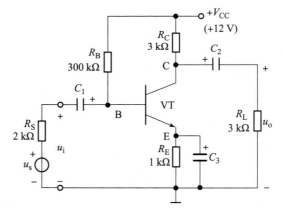

图 2.47 分压式偏置放大电路　　　　图 2.48 计算题 4 电路

第 3 章 多级放大电路和差分放大电路

单级放大电路的放大倍数一般只有几十倍，而应用中常需要把一个微弱的信号放大到几千倍，甚至几万倍以上，这就需要几个单级放大电路连接起来组成多级放大器，把前级的输出加到后级的输入，使信号逐级放大到所需要的数值。本章首先介绍多级放大电路的组成和级间耦合方式，然后介绍针对多级放大电路产生的零点漂移而引入的差分放大电路。

3.1 多级放大电路

在实际应用中，常常对放大电路的性能提出多方面的要求，如输入电阻大于 2 MΩ、电压放大倍数大于 2 000、输出电阻小于 100 Ω 等。仅靠前面所讲的单管放大电路都不可能满足这些要求。这时可以利用各种基本放大电路的特点取长补短，根据实际的需求将它们进行适当的组合，不仅能达到高的放大倍数，还能提供适当的输入、输出电阻。现在，已采用上述方法和特殊工艺制成了具有各种功能的模拟集成电路。

3.1.1 多级放大电路的耦合方式

1. 多级放大电路的组成

多级放大电路一般由输入级、中间级、输出级组成，如图 3.1 所示。

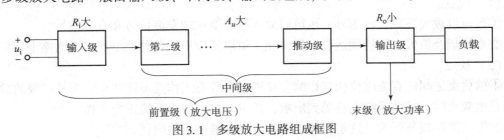

图 3.1 多级放大电路组成框图

2. 多级放大电路的耦合方式

将多个单级的基本放大电路合理连接，构成多级放大电路，组成多级放大电路的每个基本电路称为一级，级与级之间的连接称为级间耦合。

常用的耦合方式有：直接耦合、阻容耦合、变压器耦合和光电耦合等。

多级放大电路无论采用何种耦合方式，都需要满足以下几个基本要求，才能顺利正常工作。

（1）保证前一级的输出信号能顺利地传输给后一级。

（2）耦合电路对前、后级放大电路的静态工作点没有影响。

（3）电信号在前后级的传输过程中失真要小，级间传输效率要高。

在低频交流电压放大电路中，主要采用阻容耦合方式；变压器耦合在最早的功率放大电路中经常采用，目前已基本不用；集成电路中多采用直接耦合方式。光电耦合因可分立、可集成、性能优良，得到了越来越广泛的应用。

3. 4种常用的耦合方式

1）直接耦合多级放大电路

将放大电路前一级的输出端和后一级的输入端直接用导线或电阻连接在一起的方式称为直接耦合方式，如图3.2所示。

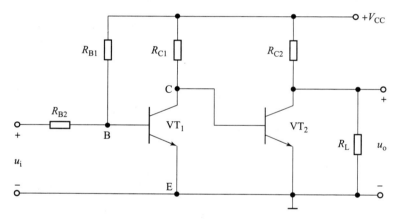

图3.2 直接耦合多级放大电路

由以上电路图可知，输入信号通过电阻R_{B2}送到三极管VT_1的基极，同时R_{B2}又是VT_1的下偏置电阻。VT_1用于放大输入信号，同时其C、E极之间的直流等效电阻又作为VT_2的下偏置电阻的一部分。R_{C1}既是VT_1的集电极负载电阻，又是VT_2的上偏置电阻。可见，采用直接耦合还可以省掉不必要的元件，使整个电路得到简化。

（1）优点。

①既可以放大高频交流信号，也可以放大缓慢变化的交流信号和直流信号。

②直接耦合放大电路特别适合于集成化，被广泛应用在各种类型的集成电路中。

（2）缺点。

①前后级之间的直流电位相互影响，使得各级静态工作点不能独立，当某一级的静态工作点发生变化时，其前后级也将受到影响，严重时放大器将不能正常工作。

②零点漂移现象严重，这是直接耦合放大电路最突出的问题。

（3）直接耦合放大电路的特点。
①没有电容的隔直作用，各级放大器的静态工作点相互影响，不能分别估算。
②前一级的输出电压是后一级的输入电压，后一级的输入电阻是前一级的交流负载电阻。
③总电压放大倍数等于各级放大倍数的乘积。
④总输入电阻R_i即为第一级的输入电阻R_{i1}，总输出电阻即为最后一级的输出电阻。
⑤受零点漂移温度漂移的影响大。
⑥很容易集成化。

2）阻容耦合多级放大电路

即前级与后级的连接是通过耦合电容C和后级的输入电阻连接的，如图3.3所示。

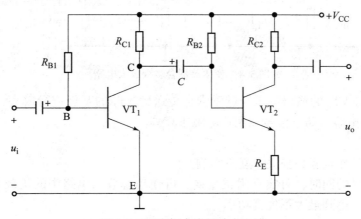

图3.3 阻容耦合多级放大电路

（1）优点。
①由于耦合电容的隔直作用，使各级的静态工作点互相独立、互不影响，可以各级单独计算。
②对于交流信号，耦合电容相当于短路，使交流信号得以顺畅传输。
（2）缺点。
①阻容耦合放大电路不能放大直流信号及缓慢变化的交流信号，限制了其应用。
②阻容耦合放大电路很难集成，一般用在分立元件电路中。
（3）多级阻容耦合放大器的特点。
①由于电容的隔直作用，受零点漂移温度漂移的影响小；各级放大器的静态工作点相互独立，可以分别估算。
②前一级的输出电压是后一级的输入电压；后一级的输入电阻是前一级的交流负载电阻。
③总电压放大倍数等于各级放大倍数的乘积。
④总输入电阻R_i即为第一级的输入电阻R_{i1}，总输出电阻即为最后一级的输出电阻；
⑤很不容易集成化。

由上述特点可知，射极输出器接在多级放大电路的首级可提高输入电阻；接在末级可减小输出电阻；接在中间级可起匹配作用，从而改善放大电路的性能。

3）变压器耦合多级放大电路

将放大电路的前一级输出端和后一级的输入端用变压器连接在一起，称为变压器耦合方式，如图 3.4 所示。

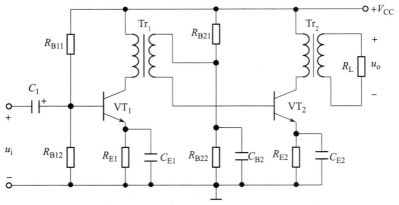

图 3.4　变压器耦合多级放大电路

变压器 Tr_1 将 VT_1 的输出电压经过磁耦合传送到 VT_2 的基极进行放大，C_{B2} 是偏置电阻 R_{B21}、R_{B22} 的旁路电容，防止信号被偏置电阻所衰减。

（1）优点。

①各级静态工作点互相独立、互不影响。

②在传递信号的同时，可实现阻抗变换，可使功率放大电路中的负载变成最佳输出负载，即阻抗匹配，得到最大不失真功率。

（2）缺点。

①变压器不能传送直流，低频响应差。

②体积大，成本高，易自激，难集成。

4）光电耦合多级放大电路

放大电路级与级之间利用光电耦合器件，通过电－光－电的转换来实现前后级之间信号传递的方式，称为光电耦合，如图 3.5 所示。

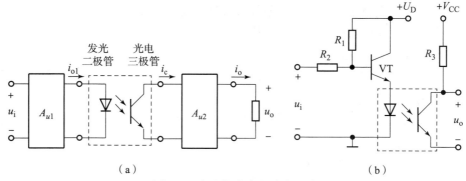

(a)

(b)

图 3.5　光电耦合多级放大电路
(a) 框图；(b) 原理图

由于它是利用光线实现的耦合，所以使前、后级电路处于电隔离状态，故其优点是各级静态工作点互相独立，抗干扰能力强，安全性好，成本低。又因光电耦合器件和与它耦合的前、后级放大电路都易于集成,故应用日益广泛。

多级放大电路在实际应用时,一般不会只用一种耦合方式,通常是根据实际需要,综合采用两种或两种以上的耦合方式,图 3.6 所示为带推动级的乙类推挽功率放大电路。在该电路中,三极管 VT_1 构成推动级(或称为前置级),VT_2 和 VT_3 构成乙类推挽功放级。其中,推动级和功放级之间以及功放级和负载之间采用变压器耦合;推动级的输入信号是来自话筒或其他放大电路的输出信号,该信号一般是通过阻容耦合方式送入推动级电路的。

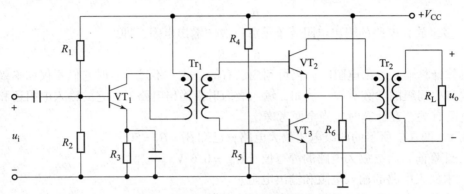

图 3.6 带推动级的乙类推挽功率放大电路

3.1.2 多级放大电路的分析

1. 静态分析

方法:画出直流通路求解静态工作点。

在前面所提到的各种耦合方式中,除直接耦合外,其他 3 种耦合方式的特点均是静态工作点互相独立、互不影响,所以,在求解它们组成的多级放大电路的静态工作点时,只需将每一级的直流通路画出,分别求解各级的静态工作点即可,分析方法同单级放大器。

下面以例 3.1 中两级阻容耦合放大电路为例讨论静态工作点的求解。

直接耦合多级放大电路静态工作点的计算过程比较复杂。由于前后级之间存在直流通路,因此它们的静态工作点互相影响,而不能各级独立进行计算。在分析具体的电路时,为了简化计算过程,常常首先找出最容易确定的环节,然后计算其他各处的静态电位和电流。有时只能通过解联立方程来求解。这里不再详述。

2. 动态分析

由图 3.1 可知,多级放大电路中,前级放大器对后级来说是信号源,它的输出电阻 R_o 就是信号源的内阻;而后级放大器对前级来说是负载,它的输入电阻 R_i 就是信号源(前级放大器)的负载电阻。若不计耦合电路上的电压损失,则各信号电压在传输上的关系为: $u_i = u_{i1}$,$u_{o1} = u_{i2}$,$\cdots$,$u_{o(n-1)} = u_{in}$,$u_o = u_{on}$。具体求解多级放大器性能指标时仍采用交流通路和微变等效电路的分析方法。

1)电压放大倍数

在多级放大电路中,由于各级是串联起来的,上一级的输出就是下一级的输入,所以总的电压放大倍数为各级电压放大倍数的乘积,即

$$A_u = A_{u1} \cdot A_{u2} \cdot A_{u3} \cdot \cdots \cdot A_{un} \tag{3.1}$$

式中：n 为多级放大电路的级数。

注意：这里每一级的电压放大倍数并不是孤立的，在分别计算各级放大电路的电压放大倍数时，必须考虑前、后级之间的影响。具体说，就是后级放大电路的输入电阻是前级放大电路的负载电阻，一定要考虑后级对前级的负载效应。

2）输入电阻和输出电阻

（1）多级放大电路的输入电阻等于第一级的输入电阻，即

$$R_i = R_{i1} \tag{3.2}$$

（2）多级放大电路的输出电阻等于最后一级的输出电阻，即

$$R_o = R_{on} \tag{3.3}$$

在具体计算输入输出电阻时，仍可利用已有的公式。不过，有时它们不仅和本级的参数有关，也和中间级的参数有关。例如，输入级为射极输出电路时，它的输入电阻还和下一级的输入电阻有关，在计算时应当全面考虑。

例 3.1 图 3.7 所示的两级电压放大电路，已知 $\beta_1 = \beta_2 = 50$。

（1）计算前、后级放大电路的静态值（$U_{BE} = 0.6\text{ V}$）。

（2）求放大电路的输入电阻和输出电阻。

（3）求各级电压的放大倍数及总电压放大倍数。

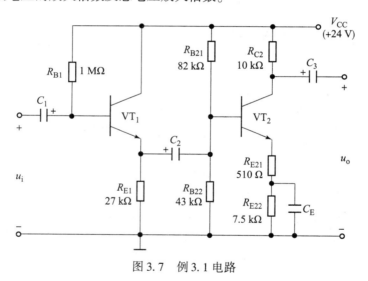

图 3.7 例 3.1 电路

解：（1）两级放大电路的静态值可分别计算，如图 3.8 和图 3.9 所示。

第一级是射极输出器，有

$$I_{B1} = \frac{V_{CC} - U_{BE1}}{R_{B1} + (1+\beta)R_{E1}} = \frac{24 - 0.6}{1\,000 + (1+50) \times 27}(\text{mA}) = 9.8(\mu\text{A})$$

$$I_{C1} \approx I_{E1} = (1+\beta)I_{B1} = (1+50) \times 0.009\,8(\text{mA}) = 0.49(\text{mA})$$

$$U_{CE} = V_{CC} - I_{E1}R_{E1} = 24 - 0.49 \times 27(\text{V}) = 10.77(\text{V})$$

第二级是分压式偏置电路，有

$$U_{B2} = \frac{V_{CC}}{R_{B21} + R_{B22}} R_{B22} = \frac{24}{82+43} \times 43(\text{V}) = 8.26(\text{V})$$

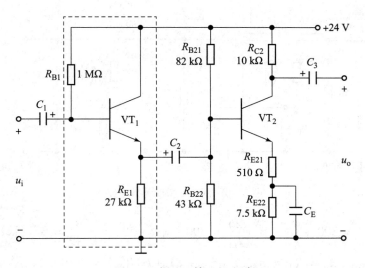

图 3.8 例 3.1 第一级电路

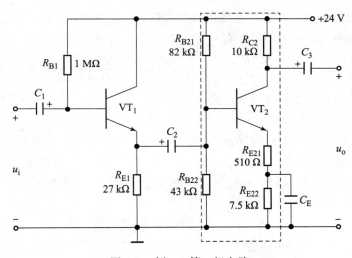

图 3.9 例 3.1 第二级电路

$$I_{C2} = \frac{U_{B2} - U_{BE2}}{R_{E21} + R_{E22}} = \frac{8.26 - 0.6}{0.51 + 7.5}(\text{mA}) = 0.96(\text{mA})$$

$$I_{B2} = \frac{I_{C2}}{\beta_2} = \frac{0.96}{50}(\text{mA}) = 19.2(\mu\text{A})$$

$$U_{CE2} = V_{CC} - I_{C2}(R_{C2} + R_{E21} + R_{E22}) = 24 - 0.96 \times (10 + 0.51 + 7.5) = 6.71(\text{V})$$

(2) 计算 R_i 和 R_o,如图 3.10 所示。

由微变等效电路可知,放大电路的输入电阻 R_i 等于第一级的输入电阻 R_{i1}。第一级是射极输出器,它的输入电阻 R_{i1} 与负载有关,而射极输出器的负载即是第二级输入电阻 R_{i2}。

$$r_{be2} = 300 + (1+\beta)\frac{26}{I_E} = 300 + 51 \times \frac{26}{0.96} = 1.68(\text{k}\Omega)$$

$$R_{i2} = R_{B21} \mathbin{/\mkern-6mu/} R_{B22} \mathbin{/\mkern-6mu/} [r_{be2} + (1+\beta)R_{E21}] = 14(\text{k}\Omega)$$

$$R'_{L1} = R_{E1} \mathbin{/\mkern-6mu/} R_{i2} = \frac{27 \times 14}{27 + 14} = 9.22(\text{k}\Omega)$$

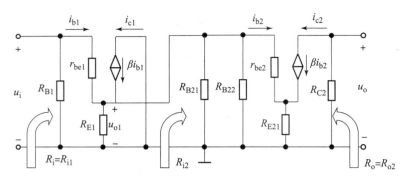

图 3.10 例 3.1 微变等效电路

$$r_{be1} = 300 + (1+\beta_1)\frac{26}{I_{E1}} = 300 + (1+50)\times\frac{26}{0.49} = 3.1(\text{k}\Omega)$$

$$R_i = R_{i1} = R_{B1} \mathbin{/\mkern-4mu/} [r_{be1} + (1+\beta)R'_{L1}] = 320(\text{k}\Omega)$$

$$R_o = R_{o2} = R_{C2} = 10(\text{k}\Omega)$$

（3）求各级电压的放大倍数及总电压放大倍数。

第一级放大电路为射极输出器，有

$$A_{u1} = \frac{(1+\beta_1)R'_{L1}}{r_{be1} + (1+\beta_1)R'_{L1}} = \frac{(1+50)\times 9.22}{3.1 + (1+50)\times 9.22} = 0.994$$

第二级放大电路为共发射极放大电路，有

$$A_{u2} = -\beta\frac{R_{C2}}{r_{be2} + (1+\beta_2)R_{E21}} = -50 \times \frac{10}{1.68 + (1+50)\times 0.51} = -18$$

总电压放大倍数

$$A_u = A_{u1} \times A_{u2} = 0.994 \times (-18) = -17.9$$

3.2 差分放大电路

差分放大电路是一种具有两个输入端且电路结构对称的放大电路，其基本特点是只有两个输入端的输入信号间有差值时才能进行放大，即差分放大电路放大的是两个输入信号的差，所以称为差分放大电路。它是另一类基本放大电路，由于它在电路和性能方面具有很多优点，因而广泛应用于集成电路中。

3.2.1 零点漂移现象及其产生的原因

1. 零点漂移的概念

集成运放电路各级之间由于均采用直接耦合方式，直接耦合放大电路具有良好的低频频率特性，可以放大缓慢变化甚至接近于零频（直流）的信号（如温度、湿度等缓慢变化的传感信号），但有一个致命的缺点，即当温度变化或电路参数等因素稍有变化时，电路工作点将随之变化，输出端电压偏离静态值（相当于交流信号零点）而上下漂动，这种现象称为"零点漂移"，简称"零漂"。零漂实质上就是放大电路静态工作点的变化。

2. 引起零点漂移的主要原因

引起零点漂移的主要原因有两个：①元器件参数，特别是晶体管的参数会随温度的变化而变化；②元器件会出现老化，参数发生了变化。

由温度引起的零点漂移称为温度漂移，简称温漂；由元器件老化引起的零点漂移称为时间漂移，简称时漂。引起直接耦合放大电路零漂的主要因素是温漂。

3. 零点漂移对放大电路的影响

由于存在零点漂移，即使输入信号为零，也会在输出端产生电压变化从而造成电路误动作，显然这是不允许的。当然，如果漂移电压与输入电压相比很小，则影响不大，但如果输入端等效漂移电压与输入电压相比很接近或很大，即漂移严重时，则有用信号就会被漂移信号严重干扰，结果使电路无法正常工作。容易理解，多级放大器中第一级放大器零漂的影响最为严重。如放大器第一级的静态工作点由于温度的变化，使电压稍有偏移时，第一级的输出电压就将发生微小的变化，这种缓慢微小的变化经过多级放大器逐步放大后，输出端就会产生较大的漂移电压。显然，直流放大器的级数越多，放大倍数越高，输出的漂移现象越严重。

4. 抑制零点漂移的措施

直接耦合放大电路必须采取措施来抑制零点漂移。抑制零点漂移的措施通常有以下几种。

（1）采用质量好的硅管。硅管受温度的影响比锗管小得多，所以目前要求较高的直流放大器的前置放大级几乎都采用硅管。

（2）采用热敏元件进行补偿。就是利用温度对非线性元件（晶体二极管、热敏电阻等）的影响，来抵消温度对放大电路中三极管参数的影响所产生的漂移。

（3）采用差分放大电路作输入级。这是一种广泛应用的电路，它是利用特性相同的晶体管进行温度补偿来抑制零点漂移的，将在下面介绍。

3.2.2 长尾式差分放大电路的组成

1. 基本差分放大电路

1）电路组成

基本差分放大电路组成如图 3.11 所示。

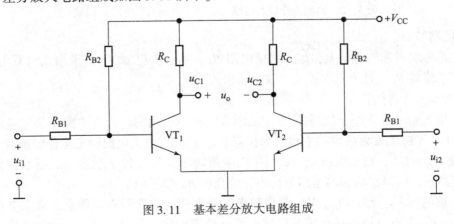

图 3.11 基本差分放大电路组成

2）电路特点

电路左右对称，VT_1、VT_2 特性和参数相同，对应电阻数值相等。V_{CC} 给电路提供合适的静态工作点。由图 3.11 知，两管 Q 相同。输入信号 u_{i1}、u_{i2} 分别从 VT_1、VT_2 基极输入（为双端输入），输出信号从 VT_1、VT_2 集电极取出（为双端输出），所以，$u_o = u_{C1} - u_{C2}$。

3）抑制零点漂移的原理

在静态时，输入信号等于零，因电路对称，所以 VT_1、VT_2 的 Q_1、Q_2 相同。即：当 $u_{i1} = u_{i2} = 0$ 时，$I_{C1} = I_{C2}$，$U_{C1} = U_{C2}$，则 $u_o = u_{C1} - u_{C2} = 0$。

当温度变化时，$\Delta u_{C1} = \Delta u_{C2}$，$u_o = (u_{C1} + \Delta u_{C1}) - (u_{C2} + \Delta u_{C2}) = 0$（抑制了零点漂移）。

以上的基本差分放大电路是不可能作为实用电路的，因为：①电路要做到完全对称是十分困难的，或者说是不可能的，既然电路不可能完全对称，则两管输出端的零点漂移就不能有效地被抵消；②若电路为单端输出时，输出端的零点漂移就无法被抑制，所以必须要改进电路。

2. 典型差分放大电路（也称长尾式差分放大电路）

上面分析的基本差分放大电路之所以能抑制零点漂移，是由于电路的对称性。众所周知，实际上完全对称的理想情况并不存在，所以单靠提高电路的对称性来抑制零点漂移是有限度的，还必须从改进电路着手，减少每只三极管本身的零点漂移。

1）电路组成

典型差分放大电路组成如图 3.12 所示。

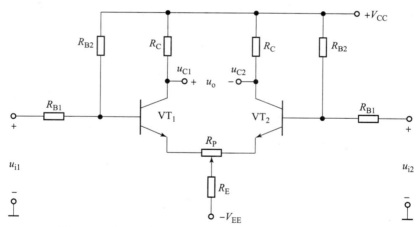

图 3.12 典型差分放大电路（长尾式差分放大电路）组成

2）电路特点

在电路两端对称的基础上，加入射极电阻 R_E，加入负电源 V_{EE}，采用正负双电源供电，加入调零电位器 R_P，且为双端输入、双端输出的方式。

3）所加入元件的作用

（1）电位器 R_P。称为调零电位器，是调节电路平衡用的。因为电路不会完全对称，在晶体管 VT_1、VT_2 的发射极电路中接入电位器 R_P，这样在放大电路静态工作的条件下，先调节 R_P，使 $U_{C1} = U_{C2}$，输出电压 $u_o = 0$。因 R_P 阻值很小，仅为数十欧至一二百欧，对电路的动态影响不大，所以在后面的电路分析中就暂且将 R_P 忽略不提。

（2）负电源 V_{EE}。为 VT_1、VT_2 提供静态基极电流，设置静态工作点。静态基极电流流通路径是：V_{EE} 正极→地→晶体管基极输入端（静态时输入信号 $u_{i1} = u_{i2} = 0$，两输入端与地之间短路）→电阻 R_{B1}→晶体管发射结→发射极公共电阻 R_E→V_{EE}负极。有了负电源 V_{EE}，则可以相应取消左右两边的 R_{B1}、R_{B2} 这 4 个电阻。所得电路将是着重分析的电路。

（3）电阻 R_E。发射极公共电阻，引入直流电流负反馈（负反馈的内容将在第 4 章详细讲解），阻值比较大。

4）抑制零点漂移的原理

（1）依靠电路的对称性抑制零漂。

由典型差放的直流通路可知，VT_1、VT_2 放大电路静态工作点相同，$I_{C1}=I_{C2}$，$U_{C1}=U_{C2}$，输出 $u_o=U_{C1}-U_{C2}=0$。

当温度变化时，I_{C1}、I_{C2} 和 U_{C1}、U_{C2} 相同变化，且变化量相等，保持 $u_o=U_{C1}-U_{C2}=0$。例如，当温度 T 升高时，I_{C1} 和 I_{C2} 同时增大，U_{C1} 和 U_{C2} 同时减小，二者变化量相等，保持 $u_o=U_{C1}-U_{C2}=0$。

由于电路的对称性，采用双端输出方式，使每个管子存在的零漂电压在输出端相互抵消。

由于温度变化使两管产生的零点漂移变化总是同方向的，且变化量相等，只要采用双端输出方式，两者总会在输出端抵消，这是由差分放大电路结构的对称性决定的。当然，实际中，差分放大电路不可能做到完全对称，则零点漂移的抑制除了依靠对称性外，还有调零电位器 R_P 的补偿作用。

（2）发射极公共电阻 R_E 的负反馈作用。

引入直流负反馈，稳定静态工作点。抑制每个管子的零漂，在各种输入输出情况下都起作用。R_E 阻值大些，抑制零漂效果更好。

$T\uparrow\to I_{C1}$、$I_{C2}\uparrow\to I_E\uparrow=I_{E1}+I_{E2}\to U_E\uparrow=I_E R_E+(-V_{EE})\to U_{BE1}$、$U_{BE2}\downarrow\to I_{B1}$、$I_{B2}\downarrow\to I_{C1}$、$I_{C2}\downarrow$。

3.2.3 长尾式差分放大电路的分析

1. 静态分析

长尾式差分放大电路的直流通路如图 3.13 所示。

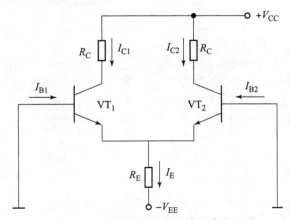

图 3.13 长尾式差分放大电路的直流通路

由以上的直流通路可知，静态时有

$$I_{BQ1} = I_{BQ2}, \quad I_{CQ1} = I_{CQ2} \tag{3.4}$$

$$I_{EQ1} = I_{EQ2} = \frac{1}{2}I_E \tag{3.5}$$

$$V_{EE} = U_{BEQ1} + I_E R_E = U_{BEQ2} + I_E R_E \tag{3.6}$$

则有

$$I_E = \frac{V_{EE} - U_{BEQ1}}{R_E} = \frac{V_{EE} - U_{BEQ2}}{R_E} = \frac{V_{EE} - U_{BEQ}}{R_E} \tag{3.7}$$

因此，两管的集电极电流均为

$$I_{CQ1} = I_{CQ2} \approx \frac{V_{EE} - U_{BEQ1}}{2R_E} = \frac{V_{EE} - U_{BEQ2}}{2R_E} = \frac{V_{EE} - U_{BEQ}}{2R_E} \tag{3.8}$$

两管集电极对地电压为

$$U_{CQ1} = V_{CC} - I_{CQ1}R_C, \quad U_{CQ2} = V_{CC} - I_{CQ2}R_C \tag{3.9}$$

两管的基极电流为

$$I_{BQ1} = \frac{I_{CQ1}}{\beta_1}, \quad I_{BQ2} = \frac{I_{CQ2}}{\beta_2} \tag{3.10}$$

$$I_{BQ} = \frac{I_{CQ}}{\beta} \tag{3.11}$$

可见，静态时两管集电极之间的输出电压为零，即

$$u_o = U_{CQ1} - U_{CQ2} = 0 \tag{3.12}$$

2. 动态分析（共模信号、差模信号和共模抑制比）

1) 差模信号输入及对差模信号的放大作用

差模信号是指在差分放大管 VT_1、VT_2 的基极与地之间分别加入两个大小相等、极性相反的电信号，这种输入方式称为差模输入，如图 3.14 所示。由电路可知，此时 $u_{i1} = -u_{i2}$。两个输入端之间的电压用 u_{id} 表示，即

$$u_{id} = u_{i1} - u_{i2} = 2u_{i1} \tag{3.13}$$

式中：u_{id} 为差模输入电压。

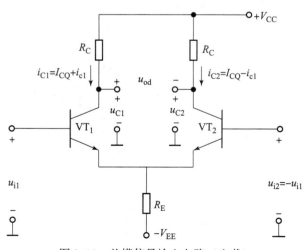

图 3.14 差模信号输入电路（空载）

u_{i1} 使 VT_1 管产生增量集电极电流为 i_{c1},u_{i2} 使 VT_2 管产生增量集电极电流为 i_{c2},由于差分对管特性相同,所以 i_{c1} 和 i_{c2} 大小相等、极性相反,即 $i_{c2}=-i_{c1}$。因此,VT_1、VT_2 管的集电极电流分别为

$$i_{C1}=I_{CQ1}+i_{c1},\ i_{C2}=I_{CQ2}+i_{c2}=I_{CQ2}-i_{c1} \tag{3.14}$$

此时,两管的集电极电压分别等于

$$u_{C1}=V_{CC}-i_{C1}R_C=V_{CC}-(I_{CQ1}+i_{c1})R_C=U_{CQ1}+u_{o1} \tag{3.15}$$

$$u_{C2}=V_{CC}-i_{C2}R_C=V_{CC}-(I_{CQ2}-i_{c1})R_C=U_{CQ2}+u_{o2} \tag{3.16}$$

式中,$u_{o1}=-i_{c1}R_C$、$u_{o2}=-i_{c2}R_C$,分别为 VT_1、VT_2 管集电极的增量电压,而且 $u_{o2}=-u_{o1}$。这样两管集电极之间的差模输出电压 u_{od} 为

$$u_{od}=u_{C1}-u_{C2}=u_{o1}-u_{o2}=2u_{o1} \tag{3.17}$$

由以上分析可知,由于电路对称,差模信号引起两管集电极电流增量大小相等、方向相反,流过射极电阻 R_E 时互相抵消,所以流经 R_E 的电流不变,仍等于静态电流 I_E,也就是说,在差模信号的作用下,R_E 两端压降几乎不变,即 R_E 对于差模信号来说相当于短路,故可将射极电位视为地电位,此处"地"称为"虚地",所以差模信号输入时,R_E 对电路不产生任何影响。由此可画出差分放大电路的差模信号交流通路(图 3.15(a))和微变等效电路(图 3.15(b))。

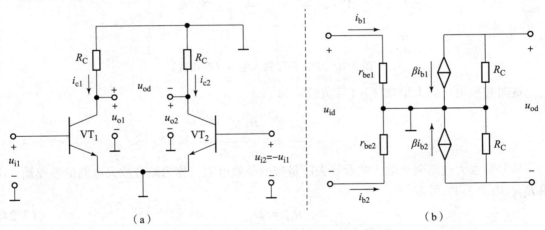

图 3.15 差模信号动态分析电路(空载)
(a)差模信号交流通路;(b)差模信号微变等效电路

双端差模输出电压 u_{od} 与双端差模输入电压 u_{id} 之比,称为差分放大电路的差模电压放大倍数 A_{ud},即

$$A_{ud}=\frac{u_{od}}{u_{id}} \tag{3.18}$$

设每个管子的差模电压放大倍数为

$$A_{ud1}=A_{ud2}=\frac{u_{o1}}{u_{i1}}=\frac{u_{o2}}{u_{i2}} \tag{3.19}$$

由图 3.15 知,两个输入端之间的电压 u_{id} 为

$$u_{id}=u_{i1}-u_{i2}=2u_{i1} \tag{3.20}$$

两个输出端的电压为

$$u_{od} = u_{o1} - u_{o2} = 2u_{o1} \qquad (3.21)$$

所以差模电压放大倍数 A_{ud}（空载）为

$$A_{ud} = \frac{u_{od}}{u_{id}} = \frac{2u_{o1}}{2u_{i1}} = \frac{u_{o1}}{u_{i1}} = A_{ud1} = -\frac{\beta R_C}{r_{be}} \qquad (3.22)$$

差分放大电路双端输出时的差模电压放大倍数 A_{ud} 等于共发射极单管的差模电压放大倍数 A_{ud1}。可见，差分放大电路多用一个管子，是用来换取对零点漂移的抑制。

若在图 3.16 所示电路中，两集电极之间接有负载电阻 R_L 时，VT_1、VT_2 管的集电极电位一增一减，且变化量相等，负载电阻 R_L 的中点电位始终不变，为交流零电位，因此，每边电路的交流等效负载电阻为 $R'_L = R_C // \frac{R_L}{2}$。

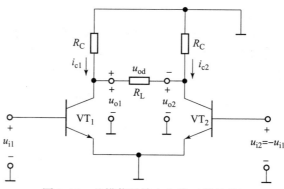

图 3.16 差模信号输入电路（带负载）

这时差模电压放大倍数 A_{ud}（带负载）为

$$A_{ud} = -\frac{\beta R'_L}{r_{be}} = -\frac{\beta \left(R_C // \frac{R_L}{2}\right)}{r_{be}} \qquad (3.23)$$

从差分放大电路两个输入端看进去所呈现的等效电阻，称为差分放大电路的差模输入电阻 R_{id}，由图 3.17 可得

$$R_{id} = 2r_{be} \qquad (3.24)$$

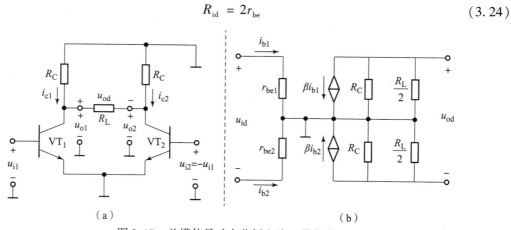

图 3.17 差模信号动态分析电路（带负载）
（a）差模信号交流通路；（b）差模信号微变等效电路

差分放大电路两管集电极之间对差模信号所呈现的电阻称为差模输出电阻 R_o，由图 3.17 可得

$$R_o \approx 2R_C \tag{3.25}$$

2) 共模信号输入及对共模信号的抑制作用

共模信号是指在差分放大管 VT_1 和 VT_2 的基极输入端接入大小相等、极性相同的信号，即 $u_{i1} = u_{i2} = u_{ic}$，这种输入方式为共模输入，如图 3.18 所示。

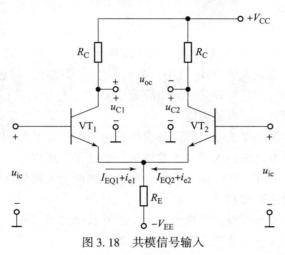

图 3.18 共模信号输入

在共模信号的作用下，对每个管子引起的电流相同，即每个管子的集电极电流和发射极电流同时增加或减小，由于电路是对称的，所以电流的变化量相等，即 $i_{c1} = i_{c2}$、$i_{e1} = i_{e2}$，则流过 R_E 的电流增加了 $2i_{e1}$（或 $2i_{e2}$），R_E 两端压降的变化量为 $u_e = 2i_{e1}R_E = i_{e1}(2R_E)$，这就是说，$R_E$ 对每个晶体管的共模信号有 $2R_E$ 的负反馈效果，由此可以得到图 3.19 所示电路的共模信号交流通路（图 3.19（a））和共模信号微变等效电路（图 3.19（b））。

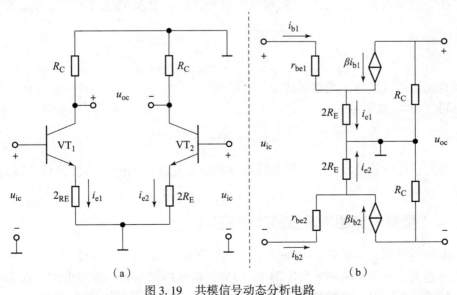

图 3.19 共模信号动态分析电路
(a) 共模信号交流通路；(b) 共模信号微变等效电路

由于差分放大电路两管电路对称，对于共模输入信号，两管集电极电位的变化相同，即 $u_{C1}=u_{C2}$，因此，双端共模输出电压为

$$u_{oc} = u_{C1} - u_{C2} = 0 \tag{3.26}$$

在实际电路中，两管电路不可能完全相同，因此，u_{oc} 不会等于零，但要求 u_{oc} 越小越好。双端共模输出电压 u_{oc} 与共模输入电压 u_{ic} 之比定义为差分放大电路的共模电压放大倍数，用 A_{uc} 表示，即

$$A_{uc} = \frac{u_{oc}}{u_{ic}} \tag{3.27}$$

共模电压放大倍数 A_{uc}：衡量差分放大电路对称程度，抑制零漂效果的技术指标。电路对称程度越好，共模电压放大倍数 A_{uc} 越小，抑制零漂效果越好。理想情况下 $A_{uc}=0$。

由以上分析可以看出，只要差分放大电路完全对称，对于共模信号，双端输出就为零，即差分放大电路对共模信号没有放大能力。

由于温度变化或电源电压波动引起两管集电极电流的变化是相同的，因此可以把它们的影响等效地看作差分放大电路输入端加入共模信号的结果，所以差分放大电路对温度的影响具有很强的抑制作用。另外，伴随输入信号一起引入到两管基极的相同的外界干扰信号也都可以看作共模输入信号而被抑制。

注意：差分放大器抑制共模信号能力的大小也反映出它对零点漂移的抑制水平，所以在高质量的直流放大器中第一级总是采用差分放大器。

3）比较输入

若两管基极输入的信号既非差模又非共模，即它们的大小和极性是任意的，差分放大器将对这样的信号进行比较放大。

4）共模抑制比

共模抑制比是综合表示差分放大电路放大差模信号能力和抑制共模信号能力的技术指标。它是指差模电压放大倍数 A_{ud} 与共模电压放大倍数 A_{uc} 比值的绝对值，用 K_{CMR} 来表示，其定义为

$$K_{CMR} = \left|\frac{A_{ud}}{A_{uc}}\right| \tag{3.28}$$

共模抑制比越大越好，通常可达 $10^6 \sim 10^7$。

用分贝（dB）表示为

$$K_{CMR} = 20\lg\left|\frac{A_{ud}}{A_{uc}}\right| \tag{3.29}$$

K_{CMR} 越大，说明差分放大器分辨差模信号的能力越强，而抑制共模信号的能力也越强。理想情况下，$K_{CMR}=\infty$。

3.2.4 具有恒流源的差分放大电路

由前面分析可知，射极电阻 R_E 越大，共模抑制比就越高，但 R_E 过大，为了保证三极管有合适的静态工作点，必须加大负电源 V_{EE} 的值，但这样做是有一定限度的。在实际中，为了能够用较低的电源电压来维持合适的管工作电流，又要有很强的共模抑制比，于是常用恒流源代替公共负反馈电阻 R_E。

1. 电流源电路

电路如图 3.20（a）所示，图中为三极管构成的电流源基本电路，它实际上就是前面讨论过的分压式射极偏置电路。当选择合适的 R_{B1}、R_{B2}、R_E，使三极管工作在放大区时，其集电极电流 I_C 为一恒定值而与负载 R_L 的大小无关。因此，常把该电路作为输出恒定电流的电流源来使用，用图 3.20（b）所示的符号表示。I_o 即为 I_C，其动态电阻很大，可视为开路。

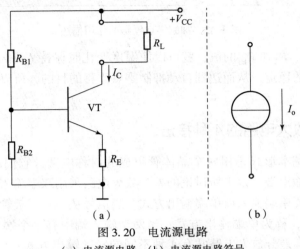

图 3.20 电流源电路
(a) 电流源电路；(b) 电流源电路符号

2. 具有恒流源的差分放大电路

具有恒流源的差分放大电路如图 3.21 所示。该电路用了三极管恒流源来代替公共射极电阻 R_E，因为三极管工作在放大区，集电极电流是由基极电流决定的，如果基极电流一定，集电极电流也一定，具有恒流特性。图中用恒流管 VT_3 作为 VT_1 和 VT_2 管的公共射极电阻，VT_3 管基极电位由电源经 R_1、R_2 分压固定。

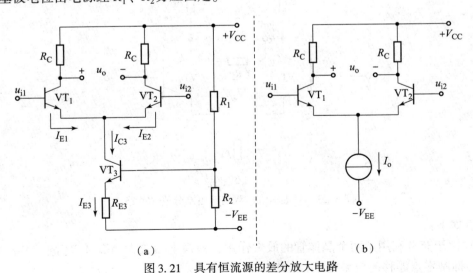

图 3.21 具有恒流源的差分放大电路
(a) 电路原理；(b) 简化电路

当温度升高时，这个电路抑制零点漂移的作用可描述为如图 3.22 所示过程：

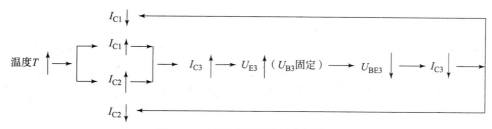

图 3.22 抑制零点漂移的作用描述

只要适当选择 R_1、R_2 和 R_{E3} 的值，就可以使温度变化时保持 I_{C1} 和 I_{C2} 几乎不变，保持了 VT_1 和 VT_2 管工作点的稳定，从而达到自动抑制零点漂移的目的，所以它在差分放大电路中应用最多。

3.2.5 差分放大电路的 4 种接法

差分放大电路的基本形式是用两个晶体管组成的对称电路，它们的基极形成两个输入端，集电极形成两个输出端。以上所讨论的差分放大电路采用双端输入和双端输出方式。在实际应用中，有时需要单端输入或单端输出方式。当信号从一只三极管的集电极输出，负载电阻 R_L 的一端接地时，称为单端输出方式；当两个输入端中有一个端子直接接地时，称为单端输入方式。因此，差分放大电路共有 4 种不同的输入输出方式：双入双出、双入单出、单入双出、单入单出。而且，输入输出方式不同，导致差分放大电路的特性也不相同。

1. 双端输入、双端输出

电路如图 3.23 所示，前面介绍的差分放大电路即为双端输入、双端输出方式。

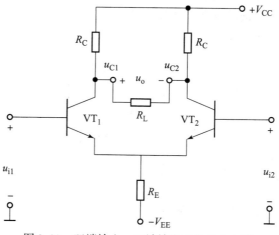

图 3.23 双端输入、双端输出差分放大电路

特点如下：

（1）由于充分利用了两个晶体管的放大作用，差模电压放大倍数 A_{ud} 较高，共模抑制比 K_{CMR} 高，抑制零点漂移的效果好。

（2）输入信号源的两个输入端及负载的两个输出端均不能接地；否则，差分放大电路不能正常工作。

2. 双端输入、单端输出

电路如图 3.24 所示，输入信号仍为双端输入方式。单端信号有两个输出端，即：在晶体管 VT_1 的集电极至地之间接负载，取出输出信号 u_{o1}；或在 VT_2 的集电极到地之间接负载，取出输出信号 u_{o2}。图 3.24 所示为从 VT_1 的集电极输出。它可以把双端输入信号转换为允许一端接地的单端输出信号，以便于后级放大电路处于共地状态。

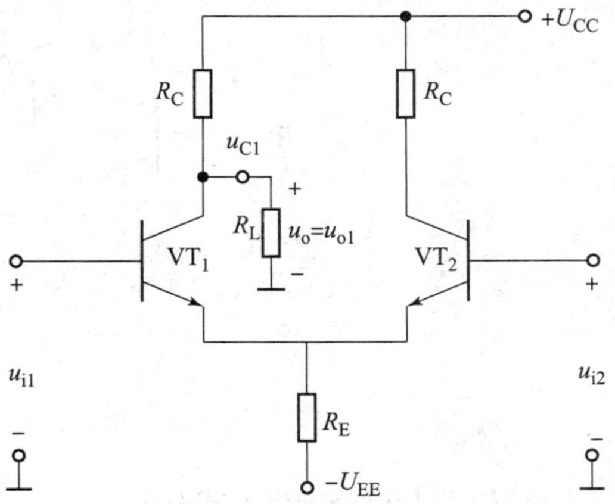

特点如下：

(1) 差模电压放大倍数 A_{ud} 是双端输出的一半。

(2) 抑制零漂效果较好。

(3) 输出端可以有接地点。

3. 单端输入、双端输出

电路如图 3.25 所示，输入信号 u_i 只加在一个晶体管的基极与地之间，另一个晶体管的基极则经过电阻 R_B 接地，这种输入方式称为单端输入。输出仍为双端输出方式。依靠 R_E 的耦合（R_E 阻值足够大），可形成差模信号分别加入 VT_1、VT_2 的基极。故单端输入效果与双端输入相同。

图 3.24 双端输入、单端输出差分放大电路

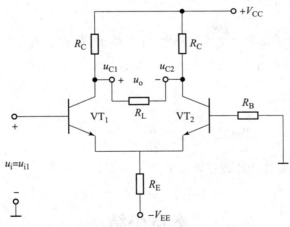

图 3.25 单端输入、双端输出差分放大电路

特点：同双端输入、双端输出方式，但允许输入端有一端接地。

4. 单端输入、单端输出

电路如图 3.26 所示，输入信号 u_i 只加在一个晶体管的基极与地之间，另一个晶体管的基极则经过电阻 R_B 接地。输出信号在晶体管 VT_1 的集电极至地之间接负载，取出输出信号 u_{o1}；或在 VT_2 的集电极到地之间接负载，取出输出信号 u_{o2}。图 3.26 所示为从 VT_1 的集电极输出。

特点：同双端输入、单端输出方式，允许输入端和输出端均有一端接地。

5. 差分放大电路 4 种接法性能指标总结

(1) R_{id} 与电路输入、输出方式无关。

$$R_{id} = 2R_{i1} = 2r_{be}$$

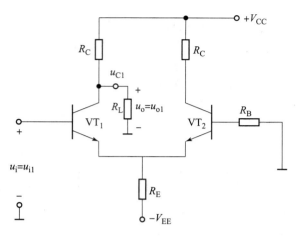

图 3.26 单端输入、单端输出差分放大电路

（2）R_{od} 仅与电路输出方式有关。

双端输出：$R_{od} = 2R_{o1} \approx 2R_C$。

单端输出：$R_{od1} = R_{o1} \approx R_C$。

（3）A_{ud} 仅与电路输出方式有关。

双端输出：$A_{ud} = A_{ud1} = -\dfrac{\beta R'_L}{r_{be}}$，其中 $R'_L = R_C // \dfrac{R_L}{2}$。

单端输出：$A_{ud1} = -A_{ud2} = -\dfrac{\beta R'_L}{2r_{be}}$，其中 $R'_L = R_C // R_L$。

（4）A_{uc} 仅与电路输出方式有关。

双端输出：$A_{uc} = \dfrac{u_{oc}}{u_{ic}} = 0$。

单端输出：$A_{uc1} = A_{uc2} = \dfrac{u_{oc1}}{u_{ic}} = A_{uc} \approx -\dfrac{R'_L}{2R_E}$。

（5）4 种接法的主要性能比较见表 3.1。

本章小结

（1）多级放大器由输入级、中间级、输出级组成。

（2）常用的耦合方式有直接耦合、阻容耦合、变压器耦合。

（3）优缺点：①直接耦合避免了电容对缓慢变化的信号带来的影响，缺点是容易产生交越失真；②阻容耦合前后级通过电容相连，静态点独立，便于分析调整，缺点是不适用于传送缓慢变化的信号；③变压器耦合可以变换电压和阻抗匹配，缺点是体积大、重量大，不能实现集成化。

（4）差分放大器可抑制零漂，电路越对称效果越好。

（5）双入、双出的差分放大电路的 $A_{uc}=0$，A_{ud} 越大，共模抑制比越大，性能越好。

表 3.1 差分放大电路 4 种接法的主要性能比较

项目	双端输入、双端输出	双端输入、单端输出	单端输入、双端输出	单端输入、单端输出
电路图				
差模放大倍数	$A_{ud}=-\dfrac{\beta\left(R_C//\dfrac{R_L}{2}\right)}{r_{be}}$	$A_{ud}=-\dfrac{\beta(R_C//R_L)}{2r_{be}}$	$A_{ud}=-\dfrac{\beta\left(R_C//\dfrac{R_L}{2}\right)}{r_{be}}$	$A_{ud}=-\dfrac{\beta(R_C//R_L)}{2r_{be}}$
共模放大倍数	$A_{uc}=0$	$A_{uc}=-\dfrac{R_C//R_L}{2R_E}$	$A_{uc}=0$	$A_{uc}=-\dfrac{R_C//R_L}{2R_E}$
输入电阻	$R_{id}=2r_{be}$	$R_{id}=2r_{be}$	$R_{id}=2r_{be}$	$R_{id}=2r_{be}$
输出电阻	$R_{od}=2R_C$	$R_{od}=R_C$	$R_{od}=2R_C$	$R_{od}=R_C$

（6）差分放大器 4 种接法中，双端输出用作多级直接耦合放大器输入级、中间级，抑制零漂较好；而单入单出方式仅用作直接耦合放大器作输入级。

习　　题

一、选择题

1. 在 3 种常见的耦合方式中，静态工作点独立，体积较小是（　　）的优点。
   A. 阻容耦合　　　　　B. 变压器耦合　　　　C. 直接耦合　　　　D. 光电耦合
2. 直接耦合放大电路的放大倍数越大，在输出端出现的漂移电压就越（　　）。
   A. 大　　　　　　　　　　　　　　　　　B. 小
   C. 和放大倍数无关　　　　　　　　　　　D. 不确定
3. 关于复合管的构成，下述正确的是（　　）。
   A. 复合管的管型取决于第一只三极管
   B. 复合管的管型取决于最后一只三极管
   C. 只要将任意两个三极管相连，就可构成复合管
   D. 可以用 N 沟道场效应管代替 NPN 管，用 P 沟道场效应管代替 PNP 管
4. 共模输入信号是差分放大电路两个输入端信号的（　　）。
   A. 和　　　　　　　　B. 差　　　　　　　　C. 平均值　　　　　　D. 不确定
5. 将单端输入、双端输出的差分放大电路改接成双端输入、双端输出时，其差模电压放大倍数将（　　）；改接成单端输入、单端输出时，其差模电压放大倍数将（　　）。
   A. 不变　　　　　　　B. 增大一倍　　　　　C. 减小一半　　　　　D. 不确定
6. 差分放大电路是为了（　　）而设置的。
   A. 稳定增益　　　　　　　　　　　　　　B. 提高输入电阻
   C. 克服温漂　　　　　　　　　　　　　　D. 扩展频带
7. 差分放大电路抑制零点漂移的能力，双端输出时比单端输出时（　　）。
   A. 强　　　　　　　　B. 弱　　　　　　　　C. 相同　　　　　　　D. 不确定
8. 在射极耦合长尾式差分放大电路中，R_E 的主要作用是（　　）。
   A. 提高差模增益　　　　　　　　　　　　B. 提高共模抑制比
   C. 增大差分放大电路的输入电阻　　　　　D. 减小差分放大电路的输出电阻
9. 差分放大电路用恒流源代替发射极电阻是为了（　　）。
   A. 提高共模抑制比　　　　　　　　　　　B. 提高共模放大倍数
   C. 提高差模放大倍数

二、填空题

1. 一个多级放大器一般由多级电路组成，分析时可化为求＿＿＿＿＿＿＿的问题，但要考虑＿＿＿＿＿＿＿之间的影响。
2. 直接耦合放大电路存在的主要问题是＿＿＿＿＿＿＿＿＿＿＿＿。
3. 在阻容耦合、直接耦合和变压器耦合 3 种耦合方式中，既能放大直流信号，又能放大交流信号的是＿＿＿＿＿＿＿，只能放大交流信号的是＿＿＿＿＿＿＿，各级工作点之间相互

无牵连的是_____，温漂影响最大的是_____，信号源与放大器之间有较好阻抗配合的是_____，易于集成的是_____，下限频率趋于零的是_____。

4. 若差分放大电路两输入端电压分别为 $u_{i1} = 10$ mV，$u_{i2} = 4$ mV，则等值差模输入信号为 $u_{id} =$ _____ mV，等值共模输入信号为 $u_{ic} =$ _____ mV。若双端输出电压放大倍数 $A_{ud} = 10$，则输出电压 $u_o =$ _____ mV。

5. 三级放大电路中，已知 $A_{u1} = A_{u2} = 30$ dB，$A_{u3} = 20$ dB，则总的电压增益为_____dB，折合为_____倍。

6. 在集成电路中，由于制造大容量的_____较困难，所以大多采用_____的耦合方式。

7. 长尾式差分放大电路的发射极电阻 R_E 越大，对_____越有利。

8. 多级放大器的总放大倍数为_____，总相移为_____，输入电阻为_____，输出电阻为_____。

9. 根据输入输出连接方式的不同，差分放大电路可分为_____、_____、_____、_____。

三、简答题

1. 直接耦合放大电路的特殊问题是什么？如何解决？差分放大电路有什么功能？
2. 什么是零点漂移现象？什么是温度漂移？抑制零点漂移的方法有哪些？

四、计算题

1. 电路如图 3.27 所示，设 $V_{CC} = 12$ V，晶体管 $\beta = 50$，$r_{bb'} = 300$ Ω，$R_{B11} = 100$ kΩ，$R_{B12} = 39$ kΩ，$R_{C1} = 6$ kΩ，$R_{E1} = 3.9$ kΩ，$R_{B21} = 39$ kΩ，$R_{B22} = 24$ kΩ，$R_{C2} = 3$ kΩ，$R_{E2} = 2.2$ kΩ，$R_L = 3$ kΩ，试计算 A_u、R_i 和 R_o。

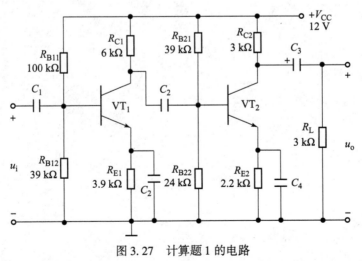

图 3.27 计算题 1 的电路

2. 在图 3.28 所示电路中，已知 $V_{CC} = 12$ V，$V_{EE} = 6$ V，恒流源电路 $I = 1$ mA，$R_{B1} = R_{B2} = 1$ kΩ，$R_{C1} = R_{C2} = 10$ kΩ；两只晶体管特性完全相同，且 $\beta_1 = \beta_2 = 100$，$r_{be1} = r_{be2} = 2$ kΩ。估算：

（1）电路静态时 VT_1 和 VT_2 管的集电极电位。

（2）电路的差模放大倍数 A_{ud}、共模放大倍数 A_{uc}、输入电阻 R_{id} 和输出电阻 R_{od}。

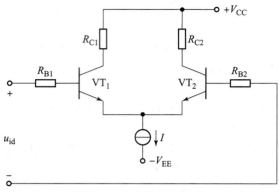

图 3.28　计算题 2 的电路

第 4 章 放大电路中的反馈

反馈是为改善放大电路的性能而引入的一项技术措施，在电路中应用非常广泛。在放大电路中采用负反馈，可以改善放大电路的工作性能。静态工作点稳定电路就是采用直流电流负反馈的形式使放大电路的静态值得以稳定的。本章主要介绍反馈的概念、反馈放大电路的组成、反馈放大电路的类型及判别、负反馈对放大电路性能的改善、深度负反馈放大电路的分析和负反馈放大电路的稳定性等问题。

4.1 反馈的基本概念

1. 反馈的定义

将放大电路输出量（电压或电流）的一部分或全部通过一定的方式返回到放大电路的输入端，并对输入量（电压或电流）产生影响的过程称为反馈。

在第 2 章中，分压偏置电路对 Q 点的稳定就存在着反馈。现将第 2 章图 2.31 中的电路去掉发射极电阻 R_E 两端的旁路电容 C_E 后重画于图 4.1 中。

在图 4.1 所示的放大电路中，静态工作时，只要适当地选择 R_{B1} 和 R_{B2}，基极电位 U_B 就可固定，然后用 R_E 两端的电压 U_E 来反映输出直流电流 I_C 的大小和变化。若 I_C 受某种因素的影响增大，U_E 也跟着增大，由于 U_B 固定，则 U_{BE} 减小，I_B 减小，I_C 减小，使静态工作点稳定。这个过程就是将输出量 I_C，通过电阻 R_E 以电压的形式反馈到输入端，对输入量 U_{BE} 产生影响。由于反馈信号是直流信号，因此上述过程是直流反馈。但是对于交流输出量 i_c，同样也会在 R_E 上产生交流电压。将交流输出信号引入到输入端，对输入的交流信号产生影响，其过程与直流反馈相同，故也存在交流反馈。因此，图 4.1 所示的放大电路可分为两部分，一部分是基本放大电路，一部分是反馈网络。

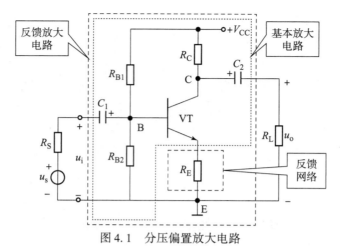

图 4.1 分压偏置放大电路

通常将连接输入回路与输出回路的反馈元件,称为反馈网络;把没有引入反馈的放大电路,称为基本放大电路;而把引入反馈的放大电路称为反馈放大电路或闭环放大电路。

2. 反馈放大电路的基本组成

由图 4.2 可知,基本放大电路的放大倍数,也称为开环增益,为

$$A = \frac{x_o}{x'_i} \qquad (4.1)$$

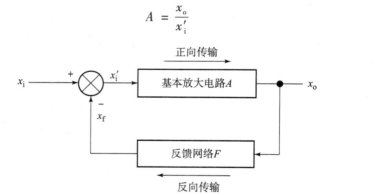

图 4.2 反馈放大电路框图

反馈网络的反馈系数为

$$F = \frac{x_f}{x_o} \qquad (4.2)$$

反馈放大电路的闭环放大倍数,即闭环增益为

$$A_f = \frac{x_o}{x_i} \qquad (4.3)$$

净输入信号为

$$x'_i = x_i - x_f \qquad (4.4)$$

反馈信号为

$$x_f = F x_o = F A x'_i \qquad (4.5)$$

根据式 (4.1)~式 (4.5),整理可得闭环放大倍数为

$$A_f = \frac{x_o}{x_i} = \frac{A}{1 + AF} \qquad (4.6)$$

式（4.6）中 AF 称为环路增益或回归比，即

$$AF = \frac{x_\mathrm{f}}{x_\mathrm{i}'} \tag{4.7}$$

式（4.7）表示 x_i' 经基本放大电路和反馈网络这个环路后，获得反馈信号 x_f 的大小，AF 越大，反馈越强。$1+AF$ 称为反馈深度，放大电路引入反馈后的放大倍数 A_f 与反馈深度有关。

（1）当$(1+AF)>1$时，$A_\mathrm{f}<A$，即引入反馈后，放大倍数比原来减小了，说明放大电路引入的是负反馈。

（2）当$(1+AF)<1$时，$A_\mathrm{f}>A$，即引入反馈后，放大倍数比原来增大了，说明放大电路引入的是正反馈。

（3）当$(1+AF)=0$，即 $AF=-1$ 时，$A_\mathrm{f}\to\infty$，说明放大电路在没有输入信号时，也有输出信号，放大电路产生了自激振荡，这种情况应避免发生。

（4）正、负反馈具有截然不同的作用：①引入负反馈可以改善放大电路的性能，如扩展通频带、减小非线性失真、提高输入电阻、减小输出电阻等；②引入正反馈则不仅不能使放大电路稳定地输出信号，而且还会产生自激振荡，甚至破坏放大电路的正常工作。但是，正反馈也不是一无是处，有时为了产生正弦波或其他波形信号，有意在放大电路中引入正反馈，使之产生自激振荡。

在负反馈的情况下，如果反馈深度$(1+AF)\gg1$，则称为深度负反馈，这时式（4.6）可简化为

$$A_\mathrm{f} = \frac{A}{1+AF} \approx \frac{1}{F} \tag{4.8}$$

式（4.8）表明，在深度负反馈条件下，闭环放大倍数与开环放大倍数无关，只取决于反馈系数 F。由于反馈网络常常是无源网络，受环境温度等外界因素的影响极小，因此放大倍数可以保持很高的稳定性。

应当指出，通常所说的负反馈是中频段的反馈极性，当信号频率进入高频段或低频段时，会产生附加相移，在一定的条件下使反馈变为正反馈，甚至产生自激振荡。关于这部分内容在4.5节进行讲述。

4.2　反馈放大电路的类型及判别

4.2.1　反馈的分类

1. 正反馈和负反馈

根据反馈的效果可以区分反馈的极性，使放大电路净输入信号增大的反馈称为正反馈；使放大电路净输入信号减小的反馈称为负反馈。通常采用瞬时极性法判别放大电路中引入的是正反馈还是负反馈。先假定输入信号为某一瞬时极性，然后根据中频段各级电路输入输出电压相位关系（对于分立元件，共发射极电路反相、共集电极和共基极电路同相；对于集成运放，u_o 与 u_p 同相，u_o 与 u_n 反相），逐级推出其他相关各点的瞬时极性，最后判断反馈到

输入端的信号是增强了还是减弱了净输入信号。为了便于说明问题，在电路中用符号和分别表示瞬时极性的正和负，以表示该点电位上升还是下降。

例如，在图 4.3（a）中，假设输入信号 u_i 在某一瞬时极性为 ⊕，由于输入信号加在集成运放的反相输入端，故输出电压 u_o 的瞬时极性为 ⊖，而反馈电压 u_f 是经电阻分压 u_o 后得到的，因此反馈电压 u_f 的瞬时极性也为 ⊖，并且加在了集成运放的同相输入端。集成运放的净输入电压即差模输入电压为 $u_i' = u_{id} = u_p - u_n = u_i - u_f$，$u_f$ 的瞬时极性为 ⊖ 表示电位下降，则 u_i' 增大，所以引入的反馈是正反馈。

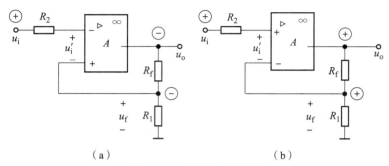

图 4.3 正反馈与负反馈
（a）正反馈；（b）负反馈

在图 4.3（b）中，假设输入信号 u_i 在某一瞬时极性为 ⊕，由于输入信号加在集成运放的同相输入端，故输出电压 u_o 的瞬时极性为 ⊕，则 u_o 经电阻分压后得到的反馈电压 u_f 的瞬时极性也为 ⊕，表示电位上升，此时集成运放的净输入电压 $u_i' = u_i - u_f$ 减小，因此引入的反馈是负反馈。

2. 直流反馈和交流反馈

根据反馈信号的交、直流性质，可分为直流反馈和交流反馈，如图 4.4 所示。

如果反馈信号中只有直流分量，则称为直流反馈；如果反馈信号中仅有交流分量，则称为交流反馈。在很多情况下，反馈信号中同时存在直流信号和交流信号，则交、直流反馈并存。

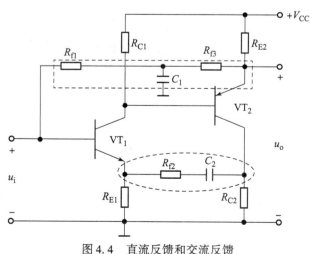

图 4.4 直流反馈和交流反馈

3. 电压反馈和电流反馈

根据反馈信号在放大电路输出端不同的采样方式，可分为电压反馈和电流反馈。若反馈信号取自输出电压，或者说与输出电压成正比，则称为电压反馈；若反馈信号取自输出电流，或者说与输出电流成正比，则称为电流反馈。

判断是电压反馈还是电流反馈，可采用负载短路法。假设将放大电路的负载 R_L 短路，此时输出电压为零，若反馈信号也为零，则说明反馈信号与输出电压成正比，因而属于电压反馈；反之，如果反馈信号依然存在，则表示反馈信号不与输出电压成正比，属于电流反馈。

在图 4.5（a）所示电路中，假设输出端负载 R_L 短接，即 $u_o=0$，则反馈电阻 R_f 相当于接在集成运放的同相输入端和地之间，反馈通路消失，反馈信号不存在，故该反馈是电压反馈。

在图 4.5（b）所示电路中，如果将负载 R_L 短接，反馈信号 u_f 依然存在，则是电流反馈。

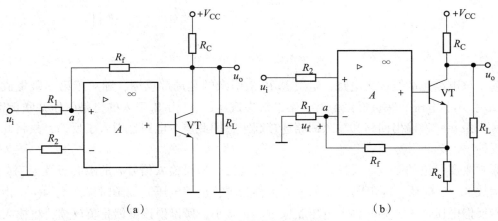

图 4.5 电压反馈和电流反馈
(a) 电压并联负反馈；(b) 电流串联负反馈

4. 串联反馈和并联反馈

根据放大电路输入端输入信号和反馈信号的比较方式，可分为串联反馈和并联反馈。如果反馈信号与输入信号进行电压比较，即反馈信号与输入信号是串联连接，则称为串联反馈。如果反馈信号与输入信号在输入端进行电流比较，即反馈信号与输入信号并联连接，则称为并联反馈。

判断是串联反馈还是并联反馈可采用输入回路的反馈节点对地短路法。若反馈节点对地短路，输入信号作用仍存在，则说明反馈信号和输入信号相串联，故所引入的反馈是串联反馈。若反馈节点接地，输入信号作用消失，则说明反馈信号和输入信号相并联，故所引入的反馈是并联反馈。

例如，在图 4.5（a）中，假设将输入回路反馈节点 a 接地，输入信号 u_i 无法进入放大电路，而只是加在电阻 R_1 上，故所引入的反馈为并联反馈；在图 4.5（b）中，如果将反馈节点 a 接地，输入信号 u_i 仍然能够加到放大电路中，即加在集成运放的同相输入端，由图可见，输入电压 u_i 与反馈电压 u_f 进行比较，其差值为集成运放的差模输入电压，故所引入的反馈为串联反馈。

通过上面的分析可以发现，若是串联反馈，反馈信号以电压的形式存在；若是并联反馈，反馈信号以电流的形式存在。

例4.1 在图4.6所示电路中是否引入了反馈？若引入了反馈，试判断其反馈极性和反馈类型。

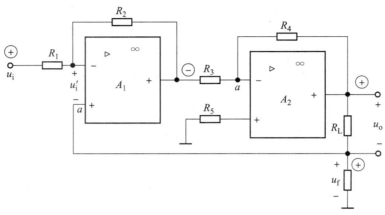

图4.6 例4.1电路图

解：该电路是两级放大电路，电阻 R_2 和 R_4 引入的是局部反馈，即对于第一级集成运放 A_1 由 R_2 引入了电压并联负反馈，对于第二级集成运放 A_2 由 R_4 引入的也是电压并联负反馈。另外，一条导线将输出回路和输入回路连接起来，因此整个电路也引入了反馈，故将此称为级间反馈。

通常主要讨论的是级间反馈。根据瞬时极性法，假设输入信号 u_i 的瞬时极性为 $\oplus$，经过集成运放 A_1 和 A_2 后，输出电压 u_o 的瞬时极性为 $\oplus$，反馈电压 u_f 的瞬时极性也为 $\oplus$，由此可判断出反馈电压增大，则净输入电压 $u_i' = u_i - u_f$ 减小，所以说该反馈是负反馈；将输入端反馈节点 a 接地，输入信号仍可从反相端输入，故是串联反馈；在输出端将 R_L 短接，由于输出电流的作用，反馈电压 u_f 依然存在，所以是电流反馈，由此可得该电路所引入的反馈是电流串联负反馈。

总之，放大电路中的反馈形式多种多样，正反馈会使放大电路不稳定，而负反馈可以改善放大电路的许多性能。直流负反馈主要用于稳定放大电路的静态工作点，而交流负反馈可改善放大电路的各项动态指标。

本章将重点分析各种形式的交流负反馈，将输入端和输出端的连接方式综合起来，负反馈放大电路可以有4种基本类型，即电压串联负反馈、电压并联负反馈、电流串联负反馈、电流并联负反馈。

4.2.2 负反馈的4种组态

1. 电压串联负反馈

为了便于分析，引入反馈后的一般规律，常用方框图来表示各种组态的反馈电路。由图4.2可见，负反馈放大电路的方框图也是由两部分组成，上面的方框表示的是基本放大电路，下面的方框表示的是反馈网络。电压串联负反馈组态的方框图如图4.7（b）所示，由

图可见，基本放大电路的净输入信号是 U'_i，输出信号是 U_o，因此基本放大电路的电压放大倍数为

$$A_{uu} = \frac{U_o}{U'_i} \tag{4.9}$$

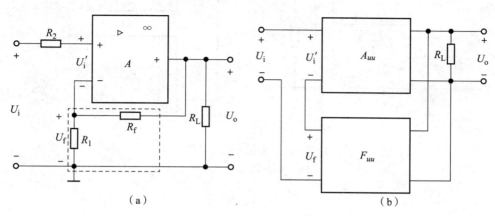

图 4.7　电压串联负反馈
(a) 电路图；(b) 方框图

由于反馈网络的输出信号是 U_o，输出信号是 U_f，因此反馈网络的反馈系数为

$$F_{uu} = \frac{U_f}{U_o} \tag{4.10}$$

式中，F_{uu} 称为电压反馈系数。

对于闭环放大电路，输入信号是 U_i，输出信号是 U_o，因此闭环电压放大倍数为

$$A_{uuf} = \frac{U_o}{U_i} \tag{4.11}$$

由式 (4.11) 可知，电压串联负反馈是输入电压 U_i 控制输出电压 U_o 进行电压放大，其中，A_{uuf} 也称为闭环电压增益。

在图 4.7 (a) 所示的具体放大电路中，由于

$$U_f = \frac{R_1}{R_1 + R_f} U_o \tag{4.12}$$

因此，电压反馈系数为

$$F_{uu} = \frac{R_1}{R_1 + R_f} \tag{4.13}$$

2. 电压并联负反馈

电压并联负反馈的方框图如图 4.8 (b) 所示。图中基本放大电路的输入信号是净输入电流 I'_i，输出信号是放大电路的输出电压 U_o，因此它的放大倍数为

$$A_{ui} = \frac{U_o}{I'_i} \tag{4.14}$$

由式 (4.14) 可知，该放大倍数 A_{ui} 是互阻放大倍数，或称为互阻增益。

由于反馈网络的输入信号是 U_o，输出信号是 I_f，因此反馈网络的反馈系数为

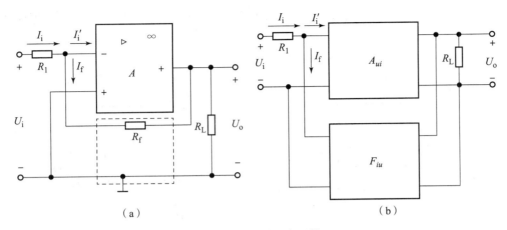

图 4.8 电压并联负反馈
（a）电路图；（b）方框图

$$F_{iu} = \frac{I_f}{U_o} \tag{4.15}$$

式中，F_{iu} 称为互导反馈系数。

对于闭环放大电路，其输入信号是 I_i，输出信号是 U_o，因此闭环互阻放大倍数为

$$A_{uif} = \frac{U_o}{I_i} \tag{4.16}$$

由式（4.16）可知，电压并联负反馈是输入电流 I_i 控制输出电压 U_o，将电流转换成电压，其中，A_{uif} 也称为闭环互阻增益。

在图 4.8（a）所示的具体放大电路中，若集成运放的开环差模增益和输入电阻趋于无穷大，则 $u_n \approx u_p = 0$，输出电压为

$$U_o = -R_f I_f \tag{4.17}$$

因此，互导反馈系数为

$$F_{iu} = \frac{I_f}{U_o} \approx -\frac{1}{R_f} \tag{4.18}$$

3. 电流串联负反馈

电流串联负反馈的方框图如图 4.9（b）所示。由图可见，基本放大电路的输入信号是 U_i'，输出信号是 I_o，因此基本放大电路的放大倍数为

$$A_{iu} = \frac{I_o}{U_i'} \tag{4.19}$$

式中，A_{iu} 称为转移电导。

而反馈网络的输入信号是 I_o，输出信号是 U_f，因此反馈网络的反馈系数为

$$F_{ui} = \frac{U_f}{I_o} \tag{4.20}$$

式中，F_{ui} 称为互阻反馈系数。

对于闭环放大电路，输入信号是 U_i，输出信号是 I_o，因此闭环互导放大倍数为

$$A_{iuf} = \frac{I_o}{U_i} \tag{4.21}$$

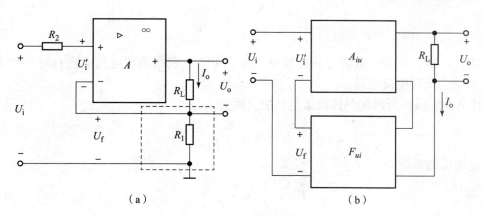

图 4.9 电流串联负反馈
(a) 电路图；(b) 方框图

由式（4.21）可知，电流串联负反馈是输入电压 U_i 控制输出电流 I_o，将电压转换为电流，其中，A_{iuf} 也称为闭环互导增益。

在图 4.9（a）所示的具体放大电路中，反馈电压 $U_f = I_o R_1$，所以互阻反馈系数为

$$F_{ui} = \frac{U_f}{I_o} = R_1 \tag{4.22}$$

4. 电流并联负反馈

电流并联负反馈的方框图如图 4.10（b）所示。由图可见，基本放大电路的输入信号是 I'_i，输出信号是 I_o，因此基本放大电路的放大倍数为

$$A_{ii} = \frac{I_o}{I'_i} \tag{4.23}$$

式中，A_{ii} 也称为电流增益。

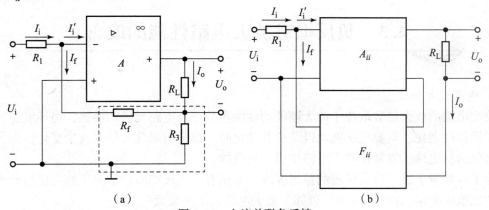

图 4.10 电流并联负反馈
(a) 电路图；(b) 方框图

由于反馈网络的输入信号是 I_o，输出信号是 I_f，因此反馈网络的反馈系数为

$$F_{ii} = \frac{I_f}{I_o} \tag{4.24}$$

式中，F_{ii} 称为电流反馈系数。

对于闭环放大电路，输入信号是 I_i，输出信号是 I_o，因此闭环电流放大倍数为

$$A_{iif} = \frac{I_o}{I_i} \tag{4.25}$$

由式（4.25）可知，电流并联负反馈是输入电流 I_i 控制输出电流 I_o 进行电流放大，其中，A_{iif} 也称为闭环电流增益。

在图 4.10（a）所示的具体放大电路中，因为

$$I_f = -\frac{R_3}{R_f + R_3} I_o \tag{4.26}$$

所以，电流反馈系数为

$$F_{ii} = \frac{I_f}{I_o} = -\frac{R_3}{R_f + R_3} \tag{4.27}$$

4 种组态负反馈放大电路的比较见表 4.1。

表 4.1　4 种组态负反馈放大电路的比较

反馈组态	X_i、X_i'、X_f	X_o	A	F	A_f	功能
电压串联	U_i、U_i'、U_f	U_o	$A_{uu} = \dfrac{U_o}{U_i'}$	$F_{uu} = \dfrac{U_f}{U_o}$	$A_{uuf} = \dfrac{U_o}{U_i}$	U_i 控制 U_o 电压放大
电压并联	I_i、I_i'、I_f	U_o	$A_{ui} = \dfrac{U_o}{I_i'}$	$F_{iu} = \dfrac{I_f}{U_o}$	$A_{uif} = \dfrac{U_o}{I_i}$	I_i 控制 U_o 电流转换成电压
电流串联	U_i、U_i'、U_f	I_o	$A_{iu} = \dfrac{I_o}{U_i'}$	$F_{ui} = \dfrac{U_f}{I_o}$	$A_{iuf} = \dfrac{I_o}{U_i}$	U_i 控制 I_o 电压转换成电流
电流并联	I_i、I_i'、I_f	I_o	$A_{ii} = \dfrac{I_o}{I_i'}$	$F_{ii} = \dfrac{I_f}{I_o}$	$A_{iif} = \dfrac{I_o}{I_i}$	I_i 控制 I_o 电流放大

4.3　负反馈对放大电路性能的改善

1. 稳定放大倍数

放大电路的放大倍数取决于放大器件的性能参数以及电路元件的参数，当环境温度发生变化、元器件老化、电源电压波动以及负载变化时，都会引起放大倍数发生变化，为了提高放大倍数的稳定性，常常在放大电路中引入负反馈。

为了从数量上表示放大倍数的稳定程度，常用有、无反馈两种情况下放大倍数的相对变化量的比值来衡定。由式（4.6）可知，放大电路的闭环放大倍数为

$$A_f = \frac{A}{1 + AF} \tag{4.28}$$

将闭环放大倍数 A_f 对 A 取导数得

$$\frac{\mathrm{d}A_f}{\mathrm{d}A} = \frac{(1 + AF) - AF}{(1 + AF)^2} = \frac{1}{(1 + AF)^2}$$

$$\mathrm{d}A_f = \frac{\mathrm{d}A}{(1 + AF)^2} \tag{4.29}$$

将式（4.29）等号两边分别除以式（4.6）左右两边，可得

$$\frac{dA_f}{A_f} = \frac{1}{1+AF} \cdot \frac{dA}{A} \tag{4.30}$$

式（4.30）表明，引入负反馈后，A_f 的相对变化量 $\dfrac{dA_f}{A_f}$ 仅为其基本放大电路放大倍数 A 的相对变化量 $\dfrac{dA}{A}$ 的 $\dfrac{1}{1+AF}$，也就是说，A_f 的稳定性是 A 的 $1+AF$ 倍。

2. 减小非线性失真

利用负反馈减小非线性失真原理示意如图 4.11 所示。

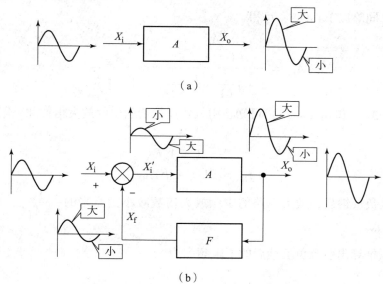

图 4.11 利用负反馈减小非线性失真
(a) 无反馈；(b) 引入反馈

3. 扩展通频带

利用负反馈扩展通频带示意图如图 4.12 所示。

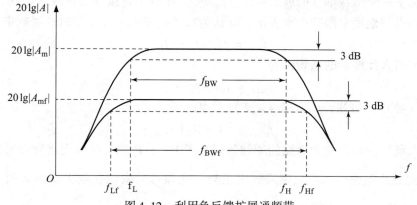

图 4.12 利用负反馈扩展通频带

为了简化问题，设反馈网络为纯电阻网络，基本放大电路的中频放大倍数为 A_m，上限频率为 f_H，下限频率为 f_L，因此无反馈时放大电路在高频段的放大倍数为

$$A_H = \frac{A_m}{1 + j\dfrac{f}{f_H}} \tag{4.31}$$

引入反馈后，设反馈系数为 F，则高频段的放大倍数为

$$A_{Hf} = \frac{A_H}{1 + A_H F} = \frac{\dfrac{A_m}{1 + j\dfrac{f}{f_H}}}{1 + \dfrac{A_m}{1 + j\dfrac{f}{f_H}} \cdot F} = \frac{A_m}{1 + A_m F + j\dfrac{f}{f_H}} \tag{4.32}$$

将分子分母同除以 $1 + A_m F$，可得

$$A_{Hf} = \frac{\dfrac{A_m}{(1 + A_m F)}}{1 + j\dfrac{f}{(1 + A_m F)f_H}} = \frac{A_{mf}}{1 + j\dfrac{f}{f_{Hf}}} \tag{4.33}$$

比较式（4.31）和式（4.33）可知，引入负反馈后的中频放大倍数和上限频率分别为

$$A_{mf} = \frac{A_m}{1 + A_m F} \tag{4.34}$$

$$f_{Hf} = (1 + A_m F)f_H \tag{4.35}$$

可见，引入负反馈后，放大电路的中频放大倍数减小到原来的 $\dfrac{1}{1 + A_m F}$，而上限频率却提高了 $1 + A_m F$ 倍。

同理，可以推导出引入负反馈后的下限频率为

$$f_{Lf} = \frac{f_L}{1 + A_m F} \tag{4.36}$$

可见，引入负反馈后下限频率下降到原来的 $\dfrac{1}{1 + A_m F}$。通过以上分析可以得知放大电路引入负反馈后，通频带展宽了。

通常情况下对于阻容耦合的放大电路，$f_H \gg f_L$，而对于直接耦合的放大电路，$f_L = 0$，所以通频带可以近似地用上限频率来表示，即认为放大电路未引入反馈时的通频带为

$$f_{BW} = f_H - f_L \approx f_H \tag{4.37}$$

放大电路引入反馈后的通频带为

$$f_{BWf} = f_{Hf} - f_{Lf} \approx f_{Hf} \tag{4.38}$$

而由式（4.35）可知，$f_{Hf} = (1 + A_m F)f_H$，则

$$f_{BWf} = (1 + A_m F)f_{BW} \tag{4.39}$$

由于引入负反馈后，放大电路的通频带展宽了 $1 + A_m F$ 倍，但放大倍数却减小到原来的 $\dfrac{1}{1 + A_m F}$，因此放大电路引入负反馈后放大倍数与通频带的乘积和放大电路未引入反馈情况下（即开环状态下）放大倍数与通频带的乘积相等，即

$$A_{mf} f_{BWf} = A_m f_{BW} = 常数 \tag{4.40}$$

放大电路的放大倍数与通频带的乘积是它的一项重要指标，通常称为增益带宽积。

4. 改变输入电阻和输出电阻

1) 负反馈对输入电阻的影响

输入电阻是从放大电路输入端看进去的等效电阻,因而负反馈对输入电阻的影响取决于基本放大电路和反馈网络在输入端的连接方式,即取决于所引入的反馈是串联负反馈还是并联负反馈。

(1) 串联负反馈使输入电阻增大。

串联负反馈放大电路框图如图 4.13 所示。根据输入电阻的定义,基本放大电路的输入电阻为

$$R_i = \frac{U'_i}{I_i} \quad (4.41)$$

而闭环放大电路的输入电阻为

$$R_{if} = \frac{U_i}{I_i} = \frac{U'_i + U_f}{I_i} \quad (4.42)$$

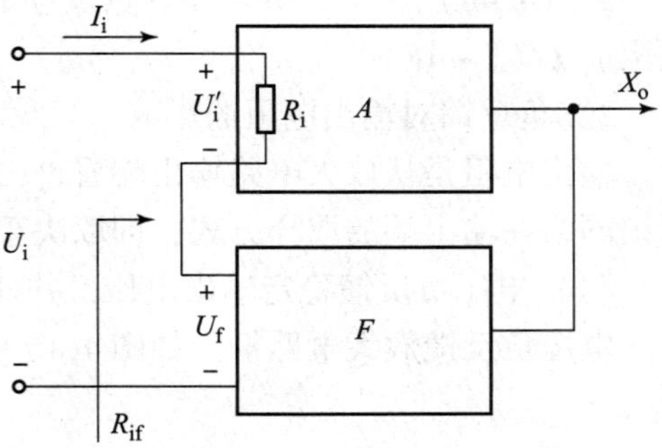

图 4.13 串联负反馈对输入电阻影响的框图

式 (4.42) 中,反馈电压 U_f 是净输入电压经基本放大电路放大后,再经反馈网络后得到的,所以,有

$$U_f = AFU'_i \quad (4.43)$$

将式 (4.43) 代入式 (4.42) 可得

$$R_{if} = \frac{U'_i + AFU'_i}{I_i} = (1 + AF)R_i \quad (4.44)$$

(2) 并联负反馈使输入电阻减小。

并联负反馈放大电路框图如图 4.14 所示。根据输入电阻的定义,基本放大电路的输入电阻为

$$R_i = \frac{U_i}{I'_i} \quad (4.45)$$

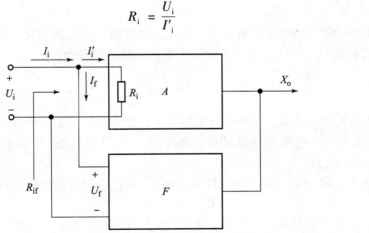

图 4.14 并联负反馈对输入电阻影响的框图

而闭环放大电路的输入电阻为

$$R_{if} = \frac{U_i}{I_i} = \frac{U_i}{I'_i + I_f} \quad (4.46)$$

式 (4.46) 中,I_f 是净输入电流经基本放大电路和反馈网络后得到的,即

$$I_\mathrm{f} = AFI'_\mathrm{i} \tag{4.47}$$

将式 (4.47) 代入式 (4.46) 后，可得

$$R_\mathrm{if} = \frac{U_\mathrm{i}}{I'_\mathrm{i} + AFI'_\mathrm{i}} = \frac{R_\mathrm{i}}{1 + AF} \tag{4.48}$$

式 (4.48) 表明，引入并联负反馈后，将使输入电阻减小，并等于基本放大电路输入电阻的 $1/(1+AF)$。

2) 负反馈对输出电阻的影响

输出电阻是从放大电路输出端看进去的等效电阻，因而负反馈对输出电阻的影响取决于反馈网络在输出端的取样方式，即取决于所引入的反馈是电压负反馈还是电流负反馈。

(1) 电压负反馈稳定输出电压，并使输出电阻减小。

电压负反馈放大电路框图如图 4.15 所示。

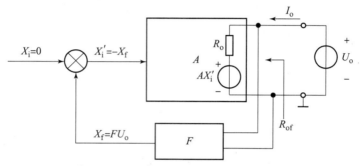

图 4.15　电压负反馈对输出电阻影响框图

假设输入信号不变，由于某种原因使输出电压增大，因为是电压反馈，反馈信号和输出电压成正比，因此反馈信号也将增大，则净输入信号减小，输出电压随之减小。可见，引入电压负反馈后，通过负反馈的自动调节作用，使输出电压趋于稳定，因此电压负反馈稳定了输出电压。

输出电压稳定与输出电阻减小紧密相关。根据输出电阻的定义，令输入量 $X_\mathrm{i}=0$，在输出端加交流电压 U_o，产生电流 I_o，则放大电路的输出电阻为

$$R_\mathrm{of} = \left.\frac{U_\mathrm{o}}{I_\mathrm{o}}\right|_{\substack{X_\mathrm{i}=0 \\ R_\mathrm{L}=\infty}} \tag{4.49}$$

在放大电路的输出端，基本放大电路对于负载来说相当于一个信号源，因此它可以用一个电压源 AX'_i 和一个电阻 R_o 串联的形式来等效。AX'_i 是基本放大电路的开路电压，R_o 是基本放大电路的输出电阻。

输出电压 U_o 经反馈网络后得到反馈信号 $X_\mathrm{f} = FU_\mathrm{o}$，由于外加输入信号 $X_\mathrm{i}=0$，因此，有

$$X'_\mathrm{i} = X_\mathrm{i} - X_\mathrm{f} = -FU_\mathrm{o} \tag{4.50}$$

净输入信号 X'_i 经基本放大电路放大后产生输出电压 $-AFU_\mathrm{o}$。由图 4.15 可知

$$U_\mathrm{o} = I_\mathrm{o}R_\mathrm{o} + AX'_\mathrm{i} = I_\mathrm{o}R_\mathrm{o} - AFU_\mathrm{o} \tag{4.51}$$

整理式 (4.51)，可得引入电压负反馈后闭环放大电路的输出电阻为

$$R_\mathrm{of} = \frac{U_\mathrm{o}}{I_\mathrm{o}} = \frac{R_\mathrm{o}}{1+AF} \tag{4.52}$$

(2) 电流负反馈稳定输出电流，并使输出电阻增大。

电流负反馈对输出电阻的影响如图 4.16 所示。

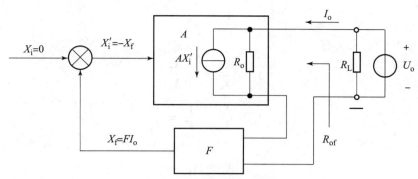

图 4.16 电流负反馈对输出电阻影响框图

假设输入信号不变，由于某种原因使输出电流减小，因为是电流反馈，反馈信号和输出电流成正比，所以反馈信号也将减小，则净输入信号就增大，经基本放大电路放大后，输出电流跟着增大。可见，引入电流负反馈后，通过负反馈的自动调节作用，最终使输出电流趋于稳定，因此电流负反馈稳定输出电流。

输出电流稳定与输出电阻增大紧密相关。根据输出电阻的定义，令输入量 $X_i = 0$，在输出端加一个交流电压 U_o，产生电流 I_o，则放大电路的输出电阻为

$$R_{of} = \left. \frac{U_o}{I_o} \right|_{\substack{X_i = 0 \\ R_L = \infty}} \tag{4.53}$$

在放大电路的输出端，基本放大电路用一个电流源 AX'_i 和一个电阻 R_o 相并联的形式来等效。AX'_i 是基本放大电路的等效电流源，R_o 是基本放大电路的输出电阻。

输出电流 I_o 经反馈网络后得到反馈信号 $X_f = FI_o$，由于外加输入信号 $X_i = 0$，所以

$$X'_i = X_i - X_f = -FI_o \tag{4.54}$$

由图 4.16 可知，若不考虑 I_o 在反馈网络输入端的压降，则

$$I_o \approx \frac{U_o}{R_o} + AX'_i = \frac{U_o}{R_o} - AFI_o \tag{4.55}$$

整理式 (4.55)，可得引入电流负反馈后闭环放大电路的输出电阻为

$$R_{of} = \frac{U_o}{I_o} = (1 + AF)R_o \tag{4.56}$$

可见，引入电流负反馈后，放大电路的输出电阻和无反馈时的输出电阻相比增大了 $1 + AF$ 倍。

注意：电流负反馈只能将反馈环路内的输出电阻增大 $1 + AF$ 倍，而对于并联在反馈环路外的电阻没有影响。

4.4 深度负反馈放大电路的分析

4.4.1 深度负反馈的实质

在 4.1 节中已经介绍了深度负反馈的概念，根据式 (4.8) 可知，若反馈深度 $|1 + AF|$

≫1，则负反馈放大电路的闭环放大倍数为

$$A_f \approx \frac{1}{F} \qquad (4.57)$$

根据 A_f 和 F 的定义，有

$$\begin{cases} A_f = \dfrac{X_o}{X_i}, F = \dfrac{X_f}{X_o} \\ A_f = \dfrac{X_o}{X_i} \approx \dfrac{1}{F} = \dfrac{X_o}{X_f} \end{cases} \qquad (4.58)$$

所以

$$X_i \approx X_f \qquad (4.59)$$

在深度负反馈条件下，若引入串联负反馈，反馈信号在输入端是以电压形式存在，与输入电压进行比较，则

$$U_i \approx U_f, \quad U_i' \approx 0 \qquad (4.60)$$

若引入并联负反馈，反馈信号在输入端是以电流形式存在，与输入电流进行比较，则

$$I_i \approx I_f, \quad I_i' \approx 0 \qquad (4.61)$$

根据式（4.57）~式（4.61）可以估算出深度负反馈条件下 4 种不同组态负反馈放大电路的放大倍数。

4.4.2 深度负反馈条件下放大倍数的估算

1. 电压串联负反馈电路

根据表 4.1，电压串联负反馈的反馈系数为

$$F_{uu} = \frac{U_f}{U_o} \qquad (4.62)$$

在深度负反馈条件下，由式（4.60）可知，$U_i \approx U_f$，则电压串联负反馈放大电路的闭环放大倍数为

$$A_{uuf} = \frac{U_o}{U_i} \approx \frac{U_o}{U_f} = \frac{1}{F_{uu}} \qquad (4.63)$$

如图 4.17（a）所示，根据分压原理求得反馈电压为

$$U_f = \frac{R_1}{R_1 + R_f} U_o \qquad (4.64)$$

又由于是串联负反馈，在深度负反馈条件下，$U_i \approx U_f$，$U_i' \approx 0$，因此闭环放大倍数为

$$A_{uuf} \approx \frac{1}{F_{uu}} = \frac{U_o}{U_f} = 1 + \frac{R_f}{R_1} \qquad (4.65)$$

在图 4.17（b）中，由电阻 R_f 引入了一个电压串联负反馈，在深度负反馈条件下 $U_i \approx U_f$，$U_i' \approx 0$，射极电流为 I_{e1}，所以

$$U_f \approx \frac{R_{e1}}{R_{e1} + R_f} U_o \qquad (4.66)$$

由式（4.63）可得深度负反馈条件下闭环放大倍数为

$$A_{uuf} = A_{uf} \approx \frac{1}{F_{uu}} = \frac{U_o}{U_f} = 1 + \frac{R_f}{R_{e1}} \qquad (4.67)$$

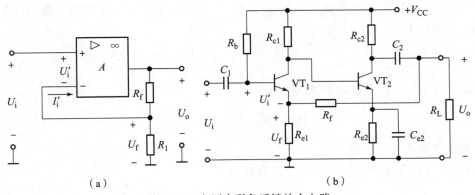

(a)　　　　　　　　　　　　　　　(b)

图 4.17　电压串联负反馈放大电路
(a) 集成运放构成的电路；(b) 分立元件构成的电路

2. 电压并联负反馈电路

根据表 4.1，电压并联负反馈的反馈系数为

$$F_{iu} = \frac{I_f}{U_o} \tag{4.68}$$

在深度负反馈条件下，由式（4.61）知 $I_i \approx I_f$，则电压并联负反馈放大电路的闭环互阻放大倍数为

$$A_{uif} = \frac{U_o}{I_i} \approx \frac{U_o}{I_f} = \frac{1}{F_{iu}} \tag{4.69}$$

图 4.18（a）、(b) 所示电路分别是理想集成运放和分立元件构成的电压并联负反馈放大电路。

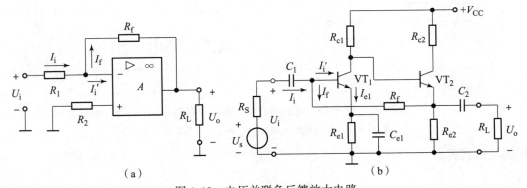

(a)　　　　　　　　　　　　　　　(b)

图 4.18　电压并联负反馈放大电路
(a) 集成运放构成的电路；(b) 分立元件构成的电路

在图 4.18（a）中，根据理想集成运放工作在线性区时"虚短路"和"虚断路"的特点，可认为反相输入端是"虚地"。在深度负反馈条件下，$I'_i \approx 0$，由电路可分别求得

$$I_i = \frac{U_i}{R_1}, \ I_f = -\frac{U_o}{R_f} \tag{4.70}$$

由式（4.69）可得深度负反馈条件下闭环互阻放大倍数为

$$A_{uif} = \frac{U_o}{I_i} \approx \frac{U_o}{I_f} = -R_f \tag{4.71}$$

在图 4.18（b）中，电阻 R_f 引入了一个电压并联负反馈。根据深度负反馈条件下 $I'_i \approx 0$，可得 $I_{b1} \approx I'_i \approx 0$，$U_{be1} \approx 0$，因此

$$I_i = \frac{U_s}{R_S}, \quad I_f = -\frac{U_o}{R_f} \tag{4.72}$$

则深度负反馈下闭环互阻放大倍数为

$$A_{uif} = \frac{U_o}{I_i} \approx \frac{U_o}{I_f} = -R_f \tag{4.73}$$

3. 电流串联负反馈电路

根据表 4.1，电流串联负反馈的反馈系数为

$$F_{ui} = \frac{U_f}{I_o} \tag{4.74}$$

根据式（4.60），在深度负反馈条件下，$U_i \approx U_f$，则电流串联负反馈放大电路的闭环互导放大倍数为

$$A_{iuf} = \frac{I_o}{U_i} \approx \frac{I_o}{U_f} = \frac{1}{F_{ui}} \tag{4.75}$$

在图 4.19（a）中，反馈电压 U_f 取自输出电流 I_o，由于 $I'_i \approx 0$，故求得反馈电压为

$$U_f = R_1 I_o \tag{4.76}$$

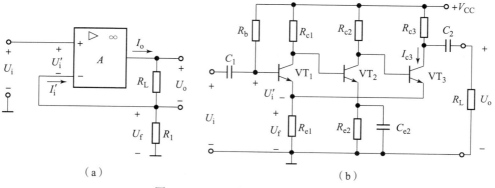

图 4.19 电流串联负反馈放大电路
（a）集成运放构成的电路；（b）分立元件构成的电路

则互阻反馈系数为

$$F_{ui} = \frac{U_f}{I_o} = R_1 \tag{4.77}$$

由式（4.75）可得深度负反馈条件下闭环互导放大倍数为

$$A_{iuf} \approx \frac{1}{F_{ui}} = \frac{1}{R_1} \tag{4.78}$$

在图 4.19（b）中，由电阻 R_f 引入了一个电流串联负反馈，在深度负反馈条件下 $U_i \approx U_f$，$U'_i \approx 0$，则 VT_1 管射极电流近似为 0，所以

$$U_f \approx I_{c3} R_{e1} = -\frac{U_o}{R_{c3} /\!/ R_L} R_{e1} \tag{4.79}$$

闭环电压放大倍数为

$$A_{uuf} = \frac{U_o}{U_i} \approx \frac{U_o}{U_f} = -\frac{R_{c3} /\!/ R_L}{R_{e1}} \tag{4.80}$$

4. 电流并联负反馈电路

根据表4.1，电流并联负反馈的反馈系数为

$$F_{ii} = \frac{I_f}{I_o} \tag{4.81}$$

在深度负反馈条件下，根据式（4.61）知 $I_i \approx I_f$，则深度负反馈条件下电压并联负反馈放大电路的闭环电流放大倍数为

$$A_{iif} = \frac{I_o}{I_i} \approx \frac{I_o}{I_f} = \frac{1}{F_{ii}} \tag{4.82}$$

在图4.20（a）中，根据理想集成运放工作在线性区时"虚短路"和"虚断路"的特点，可认为反相输入端"虚地"。在深度负反馈条件下，$I_i' \approx 0$，由电路可求得

$$I_f = -\frac{R}{R + R_f} I_o \tag{4.83}$$

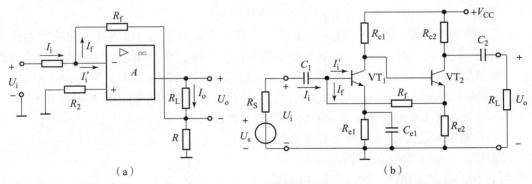

图4.20 电流并联负反馈放大电路
（a）集成运放构成的电路；（b）分立元件构成的电路

所以，电流反馈系数为

$$F_{ii} = \frac{I_f}{I_o} = -\frac{R}{R + R_f} \tag{4.84}$$

由式（4.82）可得深度负反馈条件下闭环电流放大倍数为

$$A_{iif} \approx \frac{1}{F_{ii}} = -\left(1 + \frac{R_f}{R}\right) \tag{4.85}$$

在图4.20（b）中，电阻 R_f 引入了一个电流并联负反馈。根据深度负反馈条件下 $I_i' \approx 0$，可得 $I_{b1} \approx I_i' \approx 0$，$U_{be1} \approx 0$，所以

$$I_i = \frac{U_s}{R_S}, \quad I_f \approx -\frac{R_{e2}}{R_{e2} + R_f} I_{c2} \tag{4.86}$$

而 $I_{c2} = -\dfrac{U_o}{R_{e2} /\!/ R_L}$，在深度负反馈条件下，$I_i \approx I_f$，因此闭环源电压放大倍数为

$$A_{usf} = \frac{U_o}{U_s} = \frac{U_o}{I_i R_S} \approx \frac{U_o}{I_f R_S} = \frac{(R_{c2} /\!/ R_L)(R_{e2} + R_f)}{R_{e2} \cdot R_S} \tag{4.87}$$

4.5 负反馈放大电路的稳定性

放大电路中引入负反馈,可以使电路的许多性能得到改善,并且反馈深度越深,改善效果越好。但是对于多级放大电路而言,反馈深度过深,即使放大电路的输入信号为零,输出端也会出现具有一定频率和幅值的输出信号,这种现象称为放大电路的自激振荡,它使放大电路不能正常工作,失去了电路的稳定性。

4.5.1 负反馈放大电路产生自激振荡的原因和条件

1. 自激振荡产生的原因

由前面的分析可知,负反馈放大电路的闭环放大倍数为 $A_f = \dfrac{A}{1+AF}$,在中频段,$AF > 0$,A 和 F 的相角 $\varphi_A + \varphi_F = 2n\pi (n = 0,1,2,\cdots)$,$X_i$ 与 X_f 同相,因此净输入量 X_i' 是两者的差值,即 $|X_i'| = |X_i| - |X_f|$,所以负反馈作用能正常体现出来。

在低频段和高频段,AF 将产生附加相移。在低频段,由于耦合电容和旁路电容的作用,AF 将产生超前相移;在高频段,由于半导体器件存在极间电容,AF 将产生滞后相移。假设在某一频率 f_0 下,AF 的附加相移达到 $180°$,即 $\varphi_A + \varphi_F = 2n\pi (n = 0,1,2,\cdots)$,则 X_i 和 X_f 必然会由中频时的同相变为反相,即 $|X_i'| = |X_i| + |X_f|$。该式说明净输入信号 $|X_i'|$ 大于输入信号 $|X_i|$,输出量 $|X_o|$ 增大,所以反馈的结果使放大倍数增大。

如果在输入信号为零时,由于某种含有频率 f_0 的扰动信号(如电源合闸通电),使 AF 产生了 $180°$ 的附加相移,因此产生了输出信号 X_o,X_o 经过反馈网络和比较电路后,得到净输入信号 $X_i' = 0 - X_f = -FX_o$,送到基本放大电路后再放大,得到增强了的 AFX_o,X_o 将不断增大。其过程如图 4.21 所示。

最终,由于半导体器件的非线性电路达到动态平衡,即反馈信号维持着输出信号,而输出信号又维持着反馈信号,称电路产生了自激振荡。可见,负反馈放大电路产生自激振荡的根本原因之一是 AF 的附加相移。

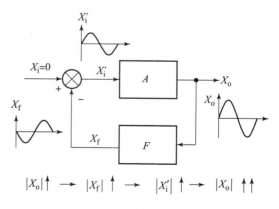

图 4.21 负反馈放大电路的自激振荡

2. 产生自激振荡的条件

由图 4.21 可知,在电路产生自激振荡时,由于 X_o 与 X_f 相互维持,因此 $X_o = AX_i' = -AFX_o$,即 $-AF = 1$,或

$$AF = -1 \tag{4.88}$$

将式(4.88)写成模和相角形式,即

$$|AF| = 1 \tag{4.89}$$

$$\varphi_A + \varphi_F = 2n\pi \quad (n = 0,1,2,\cdots) \tag{4.90}$$

式（4.89）和式（4.90）分别称为自激振荡的幅值条件和相位条件。放大电路只有同时满足上述两个条件，才会产生自激振荡。电路在起振过程中，$|X_o|$ 有一个从小到大的过程，故起振条件为 $|AF|>1$。

阻容耦合的单管放大电路引入负反馈，在低频段和高频段所产生的附加相移分别为 $0°\sim+90°$ 和 $0°\sim-90°$，由于不存在满足相位条件的频率，因此不会产生自激振荡。在两级放大电路中引入负反馈，可以产生 $0°\sim\pm180°$ 的附加相移，虽然理论上存在满足相位条件的频率 f_0，当 f_0 趋于无穷大或为零时，附加相移达到 $\pm180°$，但是此时 $A=0$，不满足幅值条件，因此也不会产生自激振荡。

在三级放大电路中引入负反馈，当频率从零变化到无穷大时，附加相移的变化范围为 $0°\sim\pm270°$，因此存在附加相移等于 $\pm180°$ 的频率 f_0。若反馈网络为纯电阻网络，当 $f=f_0$ 时，$A>0$，则可能满足幅值条件，所以电路可能产生自激振荡。由此可见，三级和三级以上的放大电路引入负反馈易产生自激振荡，并且反馈深度越深，满足幅值条件的可能性越大，越容易产生自激振荡。因此，在深度负反馈条件下，必须采取措施破坏自激条件，才能使放大电路稳定地工作。

4.5.2 负反馈放大电路稳定性的判定

1. 自激振荡的判断方法

自激振荡的判断方法如图 4.22 所示。

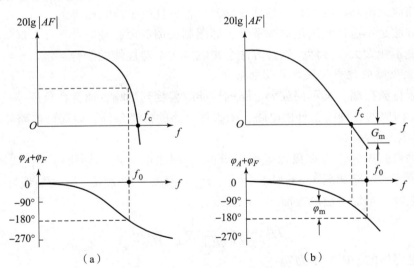

图 4.22 利用频率特性判断自激振荡

2. 负反馈放大电路的稳定裕度

为了保证负反馈放大电路能够稳定工作，不但要求 $f_0>f_c$，而且要求放大电路具有一定的稳定裕度。

通常将 $f=f_0$（即 $\varphi_A+\varphi_F=-180°$）时所对应的 $20\lg|AF|$ 值定义为幅度裕度 G_m，如图 4.22（b）的幅频特性所示，即

$$G_m = 20\lg|AF|_{f=f_0} \quad \text{dB} \tag{4.91}$$

对于稳定的放大电路 $G_m < 0$,而且 $|G_m|$ 越大,电路越稳定。一般认为 $|G_m| < -10$ dB,电路就具有足够的幅值稳定裕度。将 $f = f_c$ (即 $20\lg|AF| = 0$) 时所对应的 $|\varphi_A + \varphi_F|$ 与 180° 的差值定义为相位裕度 φ_m,如图 4.22 (b) 的相频特性所示,即

$$\varphi_m = 180° - |\varphi_A + \varphi_F|_{f=f_c} \tag{4.92}$$

对于稳定的负反馈放大电路,$\varphi_m > 0$,而且 φ_m 越大,电路越稳定。一般认为 $\varphi_m > 45°$,电路就具有足够的相位稳定裕度。

4.5.3 负反馈放大电路自激振荡的消除方法

通过以上分析可知,要保证负反馈放大电路稳定工作,必须破坏自激条件。通常是在相位条件满足,即反馈为正时,破坏振幅条件,使反馈信号幅值不满足原输入量;或者在振幅条件满足,反馈量足够大时,破坏相位条件,使反馈无法构成正反馈。根据这两个原则,克服自激振荡的方法有以下几个。

1. 减小反馈环内放大电路的级数

因为级数越多,由于耦合电容和半导体器件的极间电容所引起的附加相移越大,负反馈越容易过渡成正反馈。一般来说,两级以下的负反馈放大电路产生自激的可能性较小,因为其附加相移的极限值为 ±180°,当达到此极限值时,相应的放大倍数已趋于零,振幅条件不满足。所以,实际使用的负反馈放大电路的级数一般不超过两级,最多三级。

2. 减小反馈深度

当负反馈放大电路的附加相移达到 ±180°,满足自激振荡的相位条件时,能够防止电路自激的唯一方法是不再让它满足振幅条件,即限制反馈深度,使它小于 1,这就限制了中频时的反馈深度不能太大。显然,这种方法会影响放大电路性能的改善。

3. 在放大电路的适当位置加补偿电路

为了克服自激振荡,又不使放大电路的性能改善受到影响,通常在负反馈放大电路中接入由 C 或 RC 构成的各种校正补偿电路,来破坏电路的自激条件,以保证电路稳定工作。

1)简单电容滞后补偿

为了消除自激振荡,可在极点频率最低的 f_{H1} 那级电路接入补偿电容,如图 4.23 (a) 所示,其高频等效电路如图 4.23 (b) 所示。R_{o1} 为前级输出电阻,R_{i2} 为后级输入电阻,C_{i2} 为后级输入电容,则加补偿电容前的上限频率为

$$f_{H1} = \frac{1}{2\pi(R_{o1} /\!/ R_{i2})C_{i2}} \tag{4.93}$$

加补偿电容后的上限频率为

$$f'_{H1} = \frac{1}{2\pi(R_{o1} /\!/ R_{i2})(C_{i2} + C)} \tag{4.94}$$

若补偿后使 $f = f_{H2}$ 时,$20\lg|AF| = 0$ dB,并且 $f_{H2} > 10 f'_{H1}$,则补偿后的幅频特性和相频特性如图 4.24 中实线所示。由图可以看出,采用简单电容补偿后(图 4.24),当 $f = f_c$ 时,$\varphi_A + \varphi_F$ 趋于 -135°,即 $f_0 > f_c$,并具有 45° 的相位裕度,因此电路不会产生自激振荡。

2)RC 滞后补偿

虽然电容滞后补偿可以消除自激振荡,但它是以频带变窄为代价换来的。若采用 RC 滞后补偿则不仅可以消除自激振荡,而且可以使频带的宽度得到改善,其校正电路如图 4.25

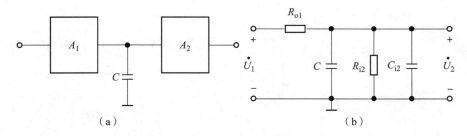

图 4.23 放大电路中的简单电容滞后补偿
(a) 简单电容滞后补偿电路；(b) 高频等效电路

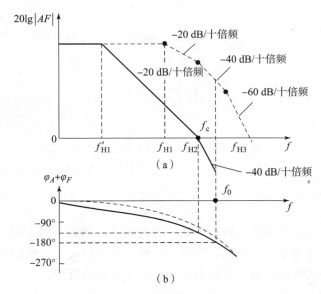

图 4.24 简单电容滞后补偿的幅频特性和相频特性
(a) 幅频特性；(b) 相频特性

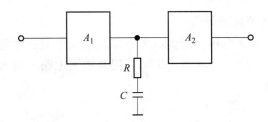

图 4.25 RC 滞后补偿电路

所示。校正电路应加在时间常数最大，即极点频率最低的放大级，由于电阻 R 与电容 C 串联后并接在电路中，RC 网络对高频电压放大倍数的影响较单个电容的影响要小些，因此，采用 RC 滞后补偿，在消除自激振荡的同时，高频响应的损失比仅用电容补偿要轻。采用 RC 滞后补偿前后放大电路的幅频特性如图 4.26 所示。图中 f''_{H1} 为 RC 滞后补偿后的上限频率，f'_{H1} 为简单电容补偿后的上限频率。可见，带宽有所改善，并且补偿后环路增益幅频特性中只有两个拐点，因而电路不会产生自激振荡。

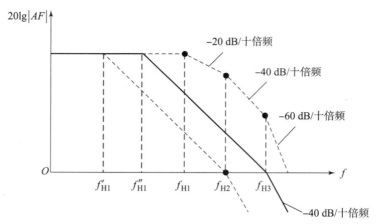

图 4.26　RC 滞后补偿前后基本放大电路的幅频特性

本章小结

反馈是为改善放大电路的性能而引入的一项技术措施，将输出信号的一部分或全部返回到放大电路的输入端，这就是反馈信号。负反馈条件下，反馈信号与输入信号相减，得到小于原输入信号的净输入信号。

1. 反馈的分类

反馈分为：正反馈、负反馈；电压反馈、电流反馈；串联反馈、并联反馈；直流反馈、交流反馈等形式。仅考虑电压、电流、串联、并联反馈可以确定反馈的 4 种组态，即电压串联负反馈、电压并联负反馈、电流串联负反馈、电流并联负反馈。

2. 反馈组态的判断

反馈的组态可以通过"瞬时极性法"来加以判断，是什么组态的负反馈就可以稳定该种组态的增益，提高增益的稳定性。

3. 负反馈对放大电路性能的影响

电压负反馈可以稳定输出电压，降低放大电路的输出电阻；电流负反馈可以稳定输出电流，提高放大电路的输出电阻；串联负反馈可以提高放大电路的输入电阻；并联负反馈可以降低放大电路的输入电阻。

习　题

一、选择题

1. 下列关于反馈的说法，正确的是（　　）。

A. 在深度负反馈放大电路中，闭环放大倍数 $AF = 1/F$。它只与反馈系数有关，而与开环放大倍数无关，因此基本放大电路的参数无实际意义

B. 若放大电路负载固定，为使其电压放大倍数稳定，可以引入电压负反馈，也可以引

入电流负反馈

C. 只要在电路中引入反馈,就一定能使其性能得到改善

D. 电压负反馈可以稳定输出电压,通过负载的电流也就必然稳定,因此电压负反馈和电流负反馈都可以稳定输出电流,在这一点上电压负反馈和电流负反馈没有区别

2. 对于放大电路,若无反馈网络,称为(　　);若存在反馈网络,则称为(　　)。

A. 开环放大电路　　　　　　　　　　B. 闭环放大电路

C. 电压放大电路　　　　　　　　　　D. 电流放大电路

3. 需要一个阻抗变换电路,要求 R_i 小 R_o 大,则应选(　　)负反馈放大电路。

A. 电压串联　　　B. 电压并联　　　C. 电流串联　　　D. 电流并联

4. 根据反馈信号在输出端取样方式的不同,可分为(　　)反馈和(　　)反馈;根据反馈信号和输入信号在输入端比较方式的不同,可分为(　　)反馈和(　　)反馈。

A. 串联　　　　　B. 并联　　　　　C. 电压　　　　　D. 电流

5. 能够减小放大电路输入电阻、减小放大电路输出电阻的负反馈是(　　)。

A. 电流串联负反馈　　　　　　　　　B. 电压串联负反馈

C. 电流并联负反馈　　　　　　　　　D. 电压并联负反馈

6. 放大电路引入负反馈后,对其性能的影响,下列说法中正确的是(　　)。

A. 放大倍数降低　　　　　　　　　　B. 非线性失真增大

C. 通频带变窄　　　　　　　　　　　D. 放大倍数的稳定性下降

7. 若电路引入电压并联负反馈,输出电阻将(　　)。

A. 不变　　　　　B. 增大　　　　　C. 减小　　　　　D. 不能确定

8. 能够减小放大电路输入电阻、稳定放大电路输出电流的负反馈组态是(　　)。

A. 电流串联负反馈　　　　　　　　　B. 电压串联负反馈

C. 电流并联负反馈　　　　　　　　　D. 电压并联负反馈

9. 分压式偏置电路稳定静态工作点的原理是利用了(　　)。

A. 交流电流负反馈　　　　　　　　　B. 交流电压负反馈

C. 直流电流负反馈　　　　　　　　　D. 直流电压负反馈

10. 选择合适的答案填入下列空格。

(1) 欲得到电流 – 电压转换电路,应在放大电路中引入(　　)。

(2) 欲将电压信号转换成与之成比例的电流信号,应在放大电路中引入(　　)。

(3) 欲减小电路从信号源索取的电流,增大带负载能力,应在放大电路中引入(　　)。

(4) 欲从信号源获得更大的电流,并稳定输出电流,应在放大电路中引入(　　)。

A. 电压串联负反馈　　　　　　　　　B. 电流串联负反馈

C. 电流并联负反馈　　　　　　　　　D. 电压并联负反馈

二、填空题

1. 反馈放大电路由_____和_____两部分组成。

2. 若希望放大器从信号源索取的电流要小,可引入_____反馈。若希望电路在负载变化时输出电流稳定,则可引入_____反馈。若希望电路在负载变化时,输出电压稳定,则可引入_____反馈。

3. 为组成满足下列要求的电路,应分别引入何种组态的负反馈:组成一个电压控制的

电压源，应引入_____；组成一个电流控制的电压源，应引入_____；组成一个电压控制的电流源，应引入_____；组成一个电流控制的电流源，应引入_____。

4. 放大电路的负反馈是使净输入量_____。（填"增大"或"减小"）

5. 在放大电路中引入反馈后，使净输入信号减小的反馈是_____反馈，使净输入信号增大的反馈是_____反馈。

6. 在放大电路中，为了稳定静态工作点，可以引入_____负反馈（填"交流"或"直流"）；若要稳定放大倍数，应引入_____负反馈。（填"交流"或"直流"）

7. 交流放大电路中，要求降低输出电阻，提高输入电阻，需引入_____负反馈。

8. 某放大电路要求提高输入电阻，稳定输出电流，它应引入_____负反馈。

9. 在交流放大电路中，引用直流负反馈的作用是_____；引用交流负反馈的作用是_____。

10. 在放大电路中，为了改变输入电阻和输出电阻，应引入_____负反馈；为了抑制温漂，应引入_____负反馈；为了展宽频带，应引入_____负反馈。（填"交流"或"直流"）

三、判断题

1. 若放大电路的放大倍数为负，则引入的反馈是负反馈。（　　）
2. 若放大电路引入负反馈，则负载变化时，输出电压基本不变。（　　）
3. 只要在放大电路中引入反馈，就能使其性能得到改善。（　　）
4. 负反馈能改善放大电路的性能，所以负反馈越强越好。（　　）
5. 电路中引入负反馈后，只能减小非线性失真，而不能消除失真。（　　）
6. 放大电路中的负反馈，对于在反馈环内产生的干扰、噪声和失真有抑制作用，但对输入信号中含有的干扰信号等没有抑制能力。（　　）
7. 只要在放大电路中引入反馈，就一定能使其性能得到改善。（　　）
8. 放大电路的级数越多，引入的负反馈越强，电路的放大倍数也就越稳定。（　　）
9. 反馈量仅仅决定于输出量。（　　）
10. 既然电流负反馈稳定输出电流，那么必然稳定输出电压。（　　）

四、简答题

1. 反馈放大电路的反馈极性是否在线路接成后就确定了？
2. "串联反馈一定是电压反馈，并联反馈一定是电流反馈"，对不对？

第 5 章 集成运算放大电路

在半导体制造工艺的基础上,把整个电路中的元器件制作在一块硅基片上,构成具有特定功能的电子电路,称为集成电路。集成电路具有体积小、质量轻、引出线和焊接点少、寿命长、可靠性高及性能好等优点,同时成本低,便于大规模生产,因此其发展速度极为惊人。目前集成电路的应用几乎遍及所有产业的各种产品中。在军事设备、工业设备、通信设备、计算机和家用电器等中都采用了集成电路。本章主要介绍集成运算放大器的主要参数、符号、分类和特点,重点介绍集成运算放大器在信号运算(比例、加法、减法)方面的运用,对积分和微分运算进行了简单说明。

5.1 概 述

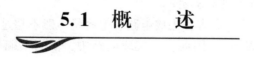

5.1.1 集成运算放大器简介

集成电路按其功能来分,有数字集成电路和模拟集成电路。模拟集成电路种类繁多,有运算放大器、宽频带放大器、功率放大器、模拟乘法器、模拟锁相环、模/数和数/模转换器、稳压电源和音像设备中常用的其他模拟集成电路等。

集成运放是模拟集成电路中应用最为广泛的一种,它实际上是一种高增益、高输入电阻和低输出电阻的多级直接耦合放大器。之所以称为运算放大器,是因为该器件最初主要用于模拟计算机中实现数值运算的缘故。实际上,目前集成运放的应用早已远远超出了模拟运算的范围,但仍沿用了运算放大器(简称运放)的名称。

集成运放的发展十分迅速。通用型产品经历了四代更替,各项技术指标不断改进。同时,发展了适应特殊需要的各种专用型集成运放。

第一代集成运放以 μA709(我国的 FC3)为代表,特点是采用了微电流的恒流源、共模负反馈等电路，它的性能指标比一般的分立元件有所提高。主要缺点是内部缺乏过电流保护，输出短路容易损坏。

第二代集成运放以 20 世纪 60 年代的 μA741 型高增益运放为代表，它的特点是普遍采用了有源负载，因而在不增加放大级的情况下可获得很高的开环增益。电路中还有过流保护措施。但是输入失调参数和共模抑制比指标不理想。

第三代集成运放以 20 世纪 70 年代的 AD508 为代表，其特点是输入级采用了"超 β 管"，且工作电流很低。从而使输入失调电流和温漂等项参数值大大下降。

第四代集成运放以 20 世纪 80 年代的 HA2900 为代表，它的特点是制造工艺达到大规模集成电路的水平。将场效应管和双极型管兼容在同一块硅片上，输入级采用 MOS 场效应管，输入电阻达 100 MΩ 以上，而且采取调制和解调措施，成为自稳零运算放大器，使失调电压和温漂进一步降低，一般无须调零即可使用。

目前，集成运放和其他模拟集成电路正向高速、高压、低功耗、低零漂、低噪声、大功率、大规模集成、专业化等方向发展。

除了通用型集成运放外，有些特殊需要的场合要求使用某一特定指标相对比较突出的运放，即专用型运放。常见的专用型运放有高速型、高阻型、低漂移型、低功耗型、高压型、大功率型、高精度型、跨导型、低噪声型等。

5.1.2 模拟集成电路的特点

由于受制造工艺的限制，模拟集成电路与分立元件电路相比具有以下特点。

1. 采用有源器件

由于制造工艺的原因，在集成电路中制造有源器件比制造大电阻容易实现。因此大电阻多用有源器件构成的恒流源电路代替，以获得稳定的偏置电流。BJT 比二极管更易制作，一般用集电极－基极短路的 BJT 代替二极管。

2. 采用直接耦合作为级间耦合方式

由于集成工艺不易制造大电容，集成电路中电容量一般不超过 100 pF，至于电感，只能限于极小的数值（1 μH 以下）。因此，在集成电路中，级间不能采用阻容耦合方式，均采用直接耦合方式。

3. 采用多管复合或组合电路

集成电路制造工艺的特点是晶体管特别是 BJT 或 FET 最容易制作，而复合和组合结构的电路性能较好，因此，在集成电路中多采用复合管（一般为两管复合）和组合（共射－共基、共集－共基组合等）电路。

5.1.3 集成运算放大电路的基本组成

集成运放电路形式多样，各具特色，电路也不尽相同，但结构具有共同之处，其一般的内部组成原理框图如图 5.1 所示，它主要由输入级、中间级和输出级和偏置电流源 4 个主要环节组成。

1. 输入级

输入级主要由差动放大电路构成，以减小运放的零漂和其他方面的性能。它必须要求有较高的输入电阻，而且对共模信号有很强的抑制能力，所以采用双端输入的形式。

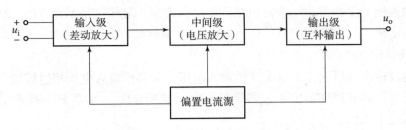

图 5.1 集成运放的组成框图

2. 中间级

中间级要提供高的电压增益,故称为中间放大级。为减小对前级的影响,还要求有较高的输入电阻,以保证运算放大器的运算精度。中间级的电路形式多为带有源负载的高增益放大器。

3. 输出级

输出级由 NPN 和 PNP 两种极性的晶体管或复合管组成,故称为互补输出级。其主要作用是获得正负两个极性的输出电压或电流,提供足够的功率,满足负载的需要。互补输出级要具有较高的输入电阻和较低的输出电阻,起到将放大器与负载隔离的作用。输出级还具有过电流、过载输出等保护措施,以防止输出端因意外短路或负载电流过大而被损坏。

4. 偏置电流源

偏置电流源的作用是给上述各电路提供合适的偏置电流,它可提供稳定的几乎不随温度而变化的偏置电流,以稳定静态工作点。

5.1.4 集成运算放大器的主要参数

集成运放的参数是否正确、合理选择是使用运放的基本依据,因此了解其各性能参数及其意义是十分必要的。集成运放的主要参数有以下几种。

1. 开环差模电压增益 A_{od}

开环差模电压增益是指运放在开环、线性放大区并在规定的测试负载和输出电压幅度的条件下的直流差模电压增益(绝对值)。一般运放的 A_{od} 为 60~120 dB,对于性能较好的运放,$A_{od} > 140$ dB。

值得注意的是,一般希望 A_{od} 越大越好,实际的 A_{od} 与工作频率有关,当频率大于一定值后,A_{od} 随频率升高而迅速下降。

2. 温度漂移

放大器的零点漂移的主要来源是温度漂移,而温度漂移对输出的影响可以折合为等效输入失调电压 U_{IO} 和输入失调电流 I_{IO},因此可以用以下指标来表示放大器的温度稳定性即温漂指标。

在规定的温度范围内,输入失调电压的变化量 ΔU_{IO} 与引起 U_{IO} 变化的温度变化量 ΔT 之比,称为输入失调电压/温度系数 $\Delta U_{IO}/\Delta T$。$\Delta U_{IO}/\Delta T$ 越小越好,一般为 ±(10~20) μV/℃。

3. 最大差模输入电压 $U_{id,max}$

这是指集成运放的两个输入端之间所允许的最大输入电压值。若输入电压超过该值,则可能使运放输入级BJT的其中一个发射结产生反向击穿。显然这是不允许的。$U_{id,max}$大些好，一般为几到几十伏。

4. 最大共模输入电压$U_{ic,max}$

这是指运放输入端所允许的最大共模输入电压。若共模输入电压超过该值，则可能造成运放工作不正常，其共模抑制比K_{CMR}将明显下降。显然，$U_{ic,max}$大些好，高质量运放最大共模输入电压可达十几伏。

5. 单位增益带宽f_T

f_T指使运放开环差模电压增益A_{od}下降到0 dB（即$A_{od}=1$）时的信号频率，它与三极管的特征频率f_T相似，是集成运放的重要参数。

6. 开环带宽f_H

f_H指使运放开环差模电压增益A_{od}下降为直流增益的$1/\sqrt{2}$倍（相当于-3 dB）时的信号频率。由于运放的增益很高，因此f_H一般较低，为几赫兹至几百赫兹（宽带高速运放除外）。

7. 转换速率S_R

这是指运放在闭环状态下，输入为大信号（如矩形波信号等）时，其输出电压对时间的最大变化速率，即$S_R = \left|\dfrac{du_o(t)}{dt}\right|_{max}$。转换速率$S_R$反映运放对高速变化的输入信号的响应情况，主要与补偿电容、运放内部各管的极间电容、杂散电容等因素有关。S_R大些好，S_R越大，则说明运放的高频性能越好。一般运放$S_R<1$ V/μs，高速运放可达65 V/μs以上。

需要指出的是，转换速率S_R是由运放瞬态响应情况得到的参数，而单位增益带宽f_T和开环带宽f_H是由运放频率响应（即稳态响应）情况得到的参数，它们均反映了运放的高频性能，从这一点来看，它们的本质是一致的。但它们分别是在大信号和小信号的条件下得到的，从结果看，它们之间有较大的差别。

8. 最大输出电压$U_{o,max}$

最大输出电压$U_{o,max}$是指在一定的电源电压下，集成运放的最大不失真输出电压的峰峰值。

除上述指标外，集成运放的参数还有共模抑制比K_{CMR}、差模输入电阻R_{id}、共模输入电阻R_{ic}、输出电阻R_o、电源参数、静态功耗P_C等，其含义可查阅相关手册，这里不再赘述。

5.1.5 集成运算放大器符号

集成放大器的符号按照国家标准如图5.2所示。运放的符号中有3个引线端，即两个输

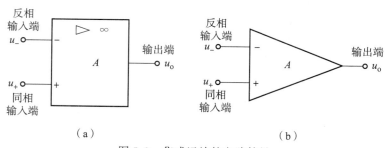

图5.2 集成运放的电路符号
（a）国际符号；（b）惯用符号

入端，一个输出端。一个称为同相输入端，即该端输入信号变化的极性与输出端相同，用符号"＋"或"IN＋"表示；另一个称为反相输入端，即该端输入信号的极性与输出端相异，用符号"－"或"IN－"表示。输出端一般画在输入端的另一侧，在符号边框内标有"＋"号。

常见集成电路的封装形式如图 5.3 所示。

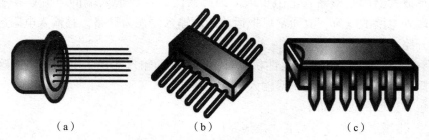

图 5.3　常见集成电路的封装形式
(a) 圆壳式；(b) 扁平式；(c) 双列直插式

5.1.6　理想运算放大器的特点

1. 理想运算放大器的条件

在集成运放的线性应用电路中，集成运放与外部电阻、电容和半导体器件等一起构成深度负反馈电路或兼有正反馈而以负反馈为主。此时，集成运放本身处于线性工作状态，即其输出量和净输入量呈线性关系，但整个应用电路的输出和输入也可能是非线性关系。

需要说明的是，在实际的电路设计或分析过程中常常把集成运放理想化。理想运放具有以下理想参数。

① 开环电压增益 $A_{od} \to \infty$。

② 差模输入电阻 $r_{id} \to \infty$。

③ 输出电阻 $r_{od} = 0$。

④ 共模抑制比 $K_{CMR} \to \infty$，即没有温度漂移。

⑤ 开环带宽 $f_H \to \infty$。

⑥ 转换速率 $S_R \to \infty$。

⑦ 输入端的偏置电流 $I_{BN} = I_{BP} = 0$。

⑧ 干扰和噪声均不存在。

在一定的工作参数和运算精度要求范围内，采用理想运放进行设计或分析的结果与实际情况相差很小，误差可以忽略，但大大简化了设计或分析过程。

2. 理想运算放大器的特性

理想运算放大器具有"虚短"和"虚断"的特性（图 5.4），这两个特性对分析线性运用的运算放大电路十分有用。为了保证线性运用，运算放大器必须在闭环下工作。

1）虚短

由于运算放大器的电压放大倍数很大，而运放的输出电压

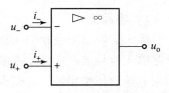

图 5.4　理想运算放大器的特性说明示意图

是有限的。因此，运算放大器的差模输入电压不足 1 mV，两输入端近似等电位，相当于"虚短"。开环电压放大倍数越大，两输入端的电位越接近相等。

虚短是指在分析运算放大器处于线性状态时，可把两输入端视为等电位，这一特性称为虚短路，简称虚短，显然不能将两输入端真正短路。

2）虚断

由于运算放大器的差模输入电阻很大。因此，流入运放输入端的电流往往不足 1 μA，远小于输入端外电路的电流。故通常可把运放的两输入端视为开路，且输入电阻越大，两输入端越接近开路。

"虚断"是指在分析运放处于线性状态时，可以把两输入端视为等效开路，这一特性称为虚开路，简称虚断，显然不能将两输入端真正断路。

关于虚短、虚断的说明如下。

$u_- \to u_+$：相当于运放两输入端"虚短路"。

虚短路不能理解为两输入端短接，只是 $u_- - u_+$ 的值小到了可以忽略不计的程度。实际上，运放正是利用这个极其微小的差值进行电压放大的。

$i_- = i_+ \to 0$：相当于运放两输入端"虚断路"。

同样，虚断路不能理解为输入端开路，只是输入电流小到了可以忽略不计的程度。

实际运放低频工作时特性接近理想化，因此可利用"虚短""虚断"运算法则分析运放应用电路。此时，电路输出只与外部反馈网络参数有关，而不涉及运放内部电路。

5.2 集成运算放大器在信号运算方面的运用

集成运算放大器与外部电阻、电容、半导体器件等构成闭环电路后，能对各种模拟信号进行比例、加法、减法、微分、积分、对数、反对数、乘法和除法等运算。

运算放大器工作在线性区时，通常要引入深度负反馈。所以，它的输出电压和输入电压的关系基本决定于反馈电路和输入电路的结构和参数，而与运算放大器本身的参数关系不大。改变输入电路和反馈电路的结构形式，就可以实现不同的运算。

5.2.1 比例运算电路

比例运算电路是运算电路中最简单的电路，其输出电压与输入电压成比例关系。比例运算电路有反相输入和同相输入两种。

1. 反相输入比例运算

1）电路组成

图 5.5 所示为反相输入比例运算电路，该电路输入信号加在反相输入端上，输出电压与输入电压的相位相反，故而得名。以后如不加说明，输入输出的另一端均为地（⊥）。在实际电路中，为减小温漂提高运算精度，同相端

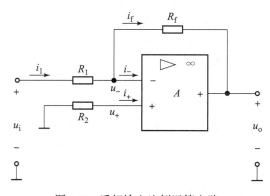

图 5.5 反相输入比例运算电路

必须加接平衡电阻 R_2 接地，R_2 的作用是保持运放输入级差分放大电路具有良好的对称性，减小温漂提高运算精度，其阻值应为 $R_2 = R_1 /\!/ R_f$。后面电路同理。由于运放工作在线性区，净输入电压和净输入电流都为零。

2）电路分析

由"虚断"的概念 $i_+ = i_- = 0$，可知 $i_1 = i_f$，则

$$\begin{cases} i_1 = \dfrac{u_i - u_-}{R_1} \\ i_f = \dfrac{u_- - u_o}{R_f} \end{cases} \tag{5.1}$$

因虚短，所以 $u_- = u_+ = 0$，称反相输入端"虚地"，这是反相输入的重要特点。
输出电压为

$$u_o = -\dfrac{R_f}{R_1} u_i \tag{5.2}$$

该电路的电压增益为

$$A_{uf} = \dfrac{u_o}{u_i} = -\dfrac{R_f}{R_1} \tag{5.3}$$

输出电压 u_o 与输入电压 u_i 之间成比例（负值）关系。

该电路引入了电压并联深度负反馈，电路输入阻抗（为 R_1）较小，但由于出现"虚地"，放大电路不存在共模信号，对运放的共模抑制比要求也不高，因此该电路应用场合较多。值得注意的是，虽然电压增益只与 R_f 和 R_1 的比值有关，但是电路中电阻 R_1、R_2、R_f 的取值应有一定的范围。若 R_1、R_2、R_f 的取值太小，由于运算放大器的输出电流一般为几十毫安，若 R_1、R_2、R_f 的取值为几欧姆，则输出电压最大只有几百毫伏。若 R_1、R_2、R_f 的取值太大，虽然能满足输出电压的要求，但同时又会带来饱和失真和电阻热噪声的问题。通常取 R_1 的值为几百欧姆至几千欧姆。取 R_f 的值为几千欧姆至几百千欧姆。后面电路同理。

3）结论

（1）A_{uf} 为负值，即 u_o 与 u_i 极性相反，因为 u_i 加在反相输入端。

（2）A_{uf} 只与外部电阻 R_1、R_f 有关，与运放本身参数无关。

（3）$|A_{uf}|$ 可大于 1，也可等于 1 或小于 1。

（4）因 $u_- = u_+ = 0$，所以反相输入端"虚地"。

（5）电压并联负反馈，输入输出电阻低，$R_i = R_1$，共模输入电压低。

2. 同相输入比例运算

1）电路组成

图 5.6 所示为同相输入比例运算电路，由于输入信号加在同相输入端，输出电压和输入电压的相位相同，因此将它称为同相放大器。

2）电路分析

由"虚断"的概念 $i_+ = i_- = 0$，可知 $i_1 = i_f$，则

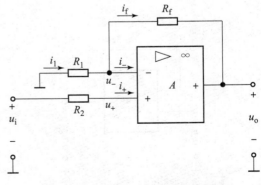

图 5.6 同相输入比例运算电路

$$\begin{cases} i_1 = \dfrac{0 - u_-}{R_1} \\ i_f = \dfrac{u_- - u_o}{R_f} \end{cases} \quad (5.4)$$

因虚短，所以 $u_- = u_+ = u_i$，则

$$\dfrac{-u_i}{R_1} = \dfrac{u_i - u_o}{R_f} \quad (5.5)$$

输出电压为

$$u_o = \left(1 + \dfrac{R_f}{R_1}\right) u_i \quad (5.6)$$

该电路的电压增益为

$$A_{uf} = \dfrac{u_o}{u_i} = 1 + \dfrac{R_f}{R_1} \quad (5.7)$$

同相输入电路为电压串联负反馈电路，其输入阻抗极高，但由于两个输入端均不能接地，放大电路中存在共模信号，不允许输入信号中包含有较大的共模电压，且对运放的共模抑制比要求较高；否则很难保证运算精度。

在图 5.6 的同相输入比例运算电路中，当 $R_1 = \infty$ 且 $R_f = 0$ 时，组成图 5.7 所示电路。此电路是同相比例运算的特殊情况，此时的同相比例运算电路称为电压跟随器。电路的输出完全跟随输入变化。$u_o = u_i$，$A_{uf} = 1$，由运算放大器构成的电压跟随器输入电阻高、输出电阻低。它在电路中的作用与分立元件的射极输出器相同，但是电压跟随性能好，常用于多级放大器的输入级和输出级。

3）结论

（1）A_{uf} 为正值，即 u_o 与 u_i 极性相同，因为 u_i 加在同相输入端。

（2）A_{uf} 只与外部电阻 R_1、R_f 有关，与运放本身参数无关。

（3）$A_{uf} \geq 1$，不能小于 1。

（4）$u_- = u_+ \neq 0$，反相输入端不存在"虚地"现象。

（5）电压串联负反馈，输入电阻高、输出电阻低，共模输入电压可能较高。

例 5.1 如图 5.8 所示，$R_1 = 10 \text{ k}\Omega$，$R_f = 20 \text{ k}\Omega$，$u_i = -1 \text{ V}$。求 u_o、R_i，并说明 R_0 的作用，R_0 应为多大？

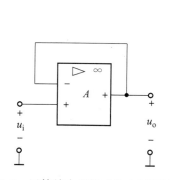
图 5.7 运算放大器构成的电压跟随器

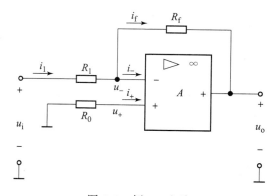
图 5.8 例 5.1 电路

解：$A_u = -\dfrac{R_f}{R_1} = -\dfrac{20}{10} = -2$

$u_o = A_u u_i = (-2)(-1) = 2(\text{V})$

$R_i = R_1 = 10(\text{k}\Omega)$

R_0 为平衡电阻，使输入端对地的静态电阻相等，其大小为：

$R_0 = R_1 /\!/ R_f = \dfrac{10 \times 20}{10 + 20} = 6.67(\text{k}\Omega)$

例 5.2 电路如图 5.9 所示，已知 $R_1 = 10\,\text{k}\Omega$，$R_f = 50\,\text{k}\Omega$。求：（1）A_{uf}、R_2；（2）若 R_1 不变，要求 A_{uf} 为 -10，则 R_f、R_2 应为多少？

解：（1）$A_{uf} = \dfrac{u_o}{u_i} = -\dfrac{R_f}{R_1} = -\dfrac{50}{10} = -5$

$R_2 = R_1 /\!/ R_f = \dfrac{10 \times 50}{10 + 50} = 8.3(\text{k}\Omega)$

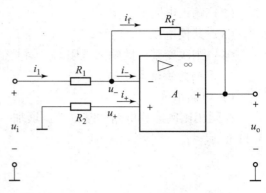

图 5.9　例 5.2 电路

（2）因为 $A_{uf} = \dfrac{u_o}{u_i} = -\dfrac{R_f}{R_1} = -\dfrac{R_f}{10} = -10$

所以 $R_f = -A_{uf} \times R_1 = -(-10) \times 10 = 100(\text{k}\Omega)$

$R_2 = R_1 /\!/ R_f = \dfrac{10 \times 100}{10 + 100} = 9.1(\text{k}\Omega)$

5.2.2　加法运算电路

若多个输入电压同时作用于运放的反相输入端或同相输入端，则实现加法运算；若多个输入电压有的作用于反相输入端，有的作用于同相输入端，则实现减法运算。

1. 反相加法运算电路

1）电路组成

在反相比例运算电路的基础上，增加一个输入支路，就构成反相输入加法电路，如图 5.10 所示。

电路要求：平衡电阻 $R_2 = R_{i1} /\!/ R_{i2} /\!/ R_f$。

2）电路分析

因"虚断"，$i_- = 0$，所以 $i_1 + i_2 = i_f$，得到

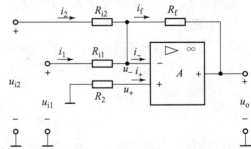

图 5.10　反相加法运算电路组成

$$\dfrac{u_{i1} - u_-}{R_{i1}} + \dfrac{u_{i2} - u_-}{R_{i2}} = \dfrac{u_- - u_o}{R_f} \tag{5.8}$$

因"虚短"，$u_- = u_+ = 0$，则

$$\dfrac{u_{i1}}{R_{i1}} + \dfrac{u_{i2}}{R_{i2}} = -\dfrac{u_o}{R_f} \tag{5.9}$$

输出电压为

$$u_o = -\left(\frac{R_f}{R_{i1}}u_{i1} + \frac{R_f}{R_{i2}}u_{i2}\right) \tag{5.10}$$

3）反相加法运算电路的特点

（1）多个信号从反相端输入，同相端接地。

（2）输入电阻低。

（3）共模电压低。

（4）当改变某一路输入电阻时，对其他路无影响。

2. 同相加法运算电路

1）电路组成

在同相比例运算电路的基础上，增加一个输入支路，就构成了同相输入求和电路，如图 5.11 所示。

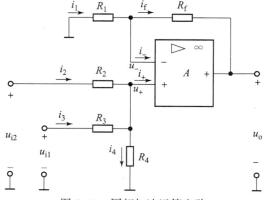

图 5.11　同相加法运算电路

电路要求：平衡电阻 $R_1 /\!/ R_f = R_2 /\!/ R_3 /\!/ R_4$。

2）电路分析

由"虚断"的概念有 $i_- = 0$，可知 $i_1 = i_f$，得到

$$\frac{0 - u_-}{R_1} = \frac{u_- - u_o}{R_f} \tag{5.11}$$

$$u_- = \frac{R_1}{R_1 + R_f}u_o \tag{5.12}$$

由"虚断"的概念有 $i_+ = 0$，可知 $i_2 + i_3 = i_4$，得到

$$\frac{u_{i1} - u_+}{R_3} + \frac{u_{i2} - u_+}{R_2} = \frac{u_+ - 0}{R_4} \tag{5.13}$$

$$u_+ = \frac{R_2 R_3 R_4}{R_2 R_3 + R_2 R_4 + R_3 R_4}\left(\frac{u_{i1}}{R_3} + \frac{u_{i2}}{R_2}\right) \tag{5.14}$$

因"虚短"，$u_- = u_+$，所以

$$\frac{R_1}{R_1 + R_f}u_o = \frac{R_2 R_3 R_4}{R_2 R_3 + R_2 R_4 + R_3 R_4}\left(\frac{u_{i1}}{R_3} + \frac{u_{i2}}{R_2}\right) \tag{5.15}$$

$$u_o = \left(1 + \frac{R_f}{R_1}\right)\frac{R_2 R_3 R_4}{R_2 R_3 + R_2 R_4 + R_3 R_4}\left(\frac{u_{i1}}{R_3} + \frac{u_{i2}}{R_2}\right) \tag{5.16}$$

因为电路要求平衡电阻满足 $R_1 \// R_f = R_2 \// R_3 \// R_4$，所以

$$u_o = \left(1 + \frac{R_f}{R_1}\right)\frac{R_2 R_3 R_4}{R_2 R_3 + R_2 R_4 + R_3 R_4}\left(\frac{u_{i1}}{R_3} + \frac{u_{i2}}{R_2}\right)$$

$$= R_f \frac{1}{R_1 \// R_f}(R_2 \// R_3 \// R_4)\left(\frac{u_{i1}}{R_3} + \frac{u_{i2}}{R_2}\right)$$

$$= R_f\left(\frac{u_{i1}}{R_3} + \frac{u_{i2}}{R_2}\right) \tag{5.17}$$

3) 同相加法运算电路的特点

（1）多个信号从同相端输入，反相端接地。
（2）输入电阻高。
（3）共模电压高。
（4）当改变某一路输入电阻时，对其他路有影响。

5.2.3 减法运算电路

1. 电路组成

电路如图 5.12 所示。该电路是反相输入和同相输入相结合的放大电路。

2. 电路分析

根据"虚短"和"虚断"的概念可知 $u_- = u_+$，$i_- = i_+ = 0$，并可得下列方程式，即

$$\frac{u_{i1} - u_-}{R_1} = \frac{u_- - u_o}{R_f} \tag{5.18}$$

$$\frac{u_{i2} - u_+}{R_2} = \frac{u_+ - 0}{R_3} \tag{5.19}$$

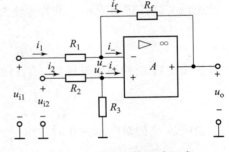

图 5.12 减法运算电路组成

利用 $u_- = u_+$，并联立式（5.16）和式（5.17）可得

$$u_o = \left(1 + \frac{R_f}{R_1}\right)\frac{R_3}{R_2 + R_3}u_{i2} - \frac{R_f}{R_1}u_{i1} \tag{5.20}$$

在式（5.20）中，若满足 $R_2 \// R_3 = R_1 \// R_f$，如果取 $R_1 = R_2$，$R_3 = R_f$，则该式可简化为

$$u_o = \frac{R_f}{R_1}(u_{i2} - u_{i1}) \tag{5.21}$$

当 $R_1 = R_2 = R_3 = R_f$，有

$$u_o = u_{i2} - u_{i1} \tag{5.22}$$

式（5.22）表明，输出电压 u_o 与两输入电压之差（$u_{i2} - u_{i1}$）成比例，实现了两信号 u_{i2} 与 u_{i1} 的相减。

从原理上说，求和电路也可以采用双端输入（或称差动输入）方式，此时只用一个集成运放，即可同时实现加法和减法运算。但由于电路系数的调整非常麻烦，所以实际上很少采用。如需同时进行加法，通常宁可多用一个集成运放，而仍采用反相求和电路的结构形式。

5.2.4 积分运算电路

1. 电路组成

在电子电路中，常用积分运算电路和微分运算电路作为调节环节，此外，积分运算电路还用于延时、定时和非正弦波发生电路中。积分电路有简单积分电路、同相积分电路、求和积分电路等。下面重点介绍简单积分电路。

简单积分电路如图 5.13 所示。反相比例运算电路中的反馈电阻由电容所取代，便构成了积分电路。

2. 电路分析

根据"虚短"和"虚断"的概念有 $i_1 = i_f$，即

$$\begin{cases} i_1 = \dfrac{u_i}{R_1} \\ i_f = C_f \dfrac{du_C}{dt} \end{cases} \quad (5.23)$$

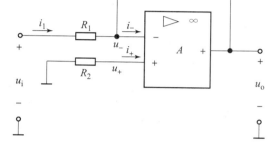

图 5.13 积分运算电路组成

电流 i_f 对 C_f 进行充电，且为恒流充电（充电电流与电容 C_f 及电容上电压无关）。

$$\frac{u_i}{R_1} = C_f \frac{du_C}{dt} = -C_f \frac{du_o}{dt} \quad (5.24)$$

假设电容 C_f 的初始电压为 $u_C(t_0)$ 时，则有

$$u_o = -\left[\frac{1}{R_1 C_f}\int_{t_0}^{t} u_i dt + u_C(t_0)\right] = -\frac{1}{R_1 C_f}\int_{t_0}^{t} u_i dt + u_o(t_0) \quad (5.25)$$

当电容 C_f 初始电压为 0 时，则

$$u_o = -\frac{1}{R_1 C_f}\int u_i dt \quad (5.26)$$

式（5.26）表明，输出电压与输入电压的关系满足积分运算要求，负号表示它们在相位上是相反的。RC 称为积分时间常数，记为 τ。

实际的积分器因集成运算放大器不是理想特性和电容有漏电等原因而产生积分误差，严重时甚至使积分电路不能正常工作。最简便的解决措施是，在电容两端并联一个电阻 R_f，引入直流负反馈来抑制上述各种原因引起的积分漂移现象，但 $R_f C_f$ 的数值应远大于积分时间。通常在精度要求不高、信号变化速度适中的情况下，只要积分电路功能正常，对积分误差可不加考虑。若要提高精度，则可采用高性能集成运放和高质量积分电容器。

利用积分运算电路能够将输入的正弦电压变换为输出的余弦电压，实现了波形的移相；将输入的方波电压变换为输出的三角波电压，实现了波形的变换；对低频信号增益大，对高频信号增益小，当信号频率趋于无穷大时增益为零，实现了滤波功能。

5.2.5 微分运算电路

微分是积分的逆运算。将图 5.13 所示积分电路的电阻和电容元件互换位置，即构成微分电路，微分电路如图 5.14 所示。微分电路选取相对较小的时间常数 $R_f C_1$。

同样根据"虚短"和"虚断"的概念有 $i_1 = i_f$，即

$$\begin{cases} i_1 = C_1 \dfrac{du_i}{dt} \\ i_f = -\dfrac{u_o}{R_f} \end{cases} \quad (5.27)$$

$$C_1 \frac{du_i}{dt} = -\frac{u_o}{R_f} \quad (5.28)$$

设 $t=0$ 时，电容 C 上的初始电压为 0，则接入信号电压 u_i 时有

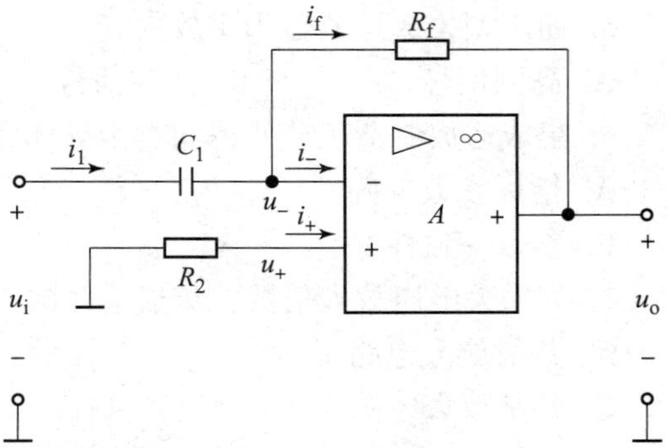

图 5.14 微分运算电路组成

$$u_o = -R_f C_1 \frac{du_i}{dt} \quad (5.29)$$

式（5.29）表明，输出电压与输入电压的关系满足微分运算的要求。由于微分电路的输出电压与输入电压的变化率成比例，而电路中的干扰信号都是迅速变化的高频信号，故它的抗干扰能力较差，限制了其应用。

本章小结

（1）理想集成运放工作在线性区有"虚短"和"虚断"两个条件，在基本运算放大电路中应用广泛。

（2）集成运放可构成加法、减法、积分、微分、对数和反对数等多种运算电路。在这些电路中，均存在深度负反馈。因此，运放工作在线性放大状态，可用理想运放模型对电路进行分析，"虚短"和"虚断"的概念是电路分析的有力工具。

习　题

一、选择题

1. 集成运放电路采用直接耦合方式是因为（　　）。
   A. 可获得很大的放大倍数　　　　　B. 可使温漂小
   C. 集成工艺难以制造大容量电容
2. 为增大电压放大倍数，集成运放中间级多采用（　　）。
   A. 共射放大电路　　　　　　　　　B. 共集放大电路
   C. 共基放大电路
3. 集成运放的输入级采用差分放大电路是因为可以（　　）。
   A. 减小温漂　　　　B. 增大放大倍数　　　C. 提高输入电阻
4. 理想运放的开环差模增益 A_{od} 为（　　）。
   A. 0　　　　　　　B. 1　　　　　　　　C. 10^5　　　　　　　D. ∞

5. 通用型集成运放适用于放大（　　）。
   A. 高频信号　　　　　B. 低频信号　　　　　C. 任何频率信号
6. 集成运放制造工艺使得同类半导体管的（　　）。
   A. 指标参数准确　　　　　　　　　　B. 参数不受温度影响
   C. 参数一致性好
7. 为增大电压放大倍数，集成运放的中间级多采用（　　）。
   A. 共射放大电路　　　　　　　　　　B. 共集放大电路
   C. 共基放大电路
8. 现有电路：A. 反相比例运算电路；B. 同相比例运算电路；C. 积分运算电路；D. 微分运算电路；E. 加法运算电路。选择一个合适的答案填入空内。
   （1）欲将正弦波电压移相 +90°，应选用（　　）。
   （2）欲将正弦波电压叠加上一个直流量，应选用（　　）。
   （3）欲实现 $A_u = -100$ 的放大电路，应选用（　　）。
   （4）欲将方波电压转换成三角波电压，应选用（　　）。
   （5）欲将方波电压转换成尖顶波电压，应选用（　　）。

二、填空题

1. 集成运放内部电路通常包括 4 个基本组成部分，即_____、_____、_____和_____。
2. 为提高输入电阻、减小零点漂移，通用集成运放的输入级大多采用_____电路；为了减小输出电阻，输出级大多采用_____电路。
3. 工作在线性区的理想运放，两个输入端的输入电流均为零，称为虚_____；两个输入端的电位相等称为虚_____；若集成运放在反相输入情况下，同相端接地，反相端又称虚_____；即使理想运放在非线性工作区，虚_____结论也是成立的。
4. 分别选择"反相"或"同相"填入下列各空内。
   （1）_____比例运算电路中集成运放反相输入端为"虚地"，而_____比例运算电路中集成运放两个输入端的电位等于输入电压。
   （2）_____比例运算电路的输入电阻大，而_____比例运算电路的输入电阻小。
   （3）_____比例运算电路的输入电流等于零，而_____比例运算电路的输入电流等于流过反馈电阻中的电流。
   （4）_____比例运算电路的比例系数大于 1，而_____比例运算电路的比例系数小于零。
5. 填空：
   （1）_____运算电路可实现 $A_u > 1$ 的放大器。
   （2）_____运算电路可实现 $A_u < 0$ 的放大器。
   （3）_____运算电路可实现函数 $Y = aX_1 + bX_2 + cX_3$，a、b 和 c 均大于零。
   （4）_____运算电路可实现函数 $Y = aX_1 + bX_2 + cX_3$，a、b 和 c 均小于零。

三、判断题

1. 运放的输入失调电压 U_{IO} 是两输入端电位之差。　　　　　　　　　　　　　（　　）
2. 运放的输入失调电流 I_{IO} 是两端电流之差。　　　　　　　　　　　　　　　（　　）

3. 运放的共模抑制比 $K_{CMR} = \left|\dfrac{A_d}{A_c}\right|$。 （   ）

4. 运算电路中一般均引入负反馈。 （   ）

5. 在运算电路中，集成运放的反相输入端均为"虚地"。 （   ）

6. 凡是运算电路都可利用"虚短"和"虚断"的概念求解运算关系。 （   ）

7. 在输入信号作用时，偏置电路改变了各放大管的动态电流。 （   ）

8. 集成运放只能放大直流信号，不能放大交流信号。 （   ）

9. 当理想运放工作在线性区时，可以认为其两个输入端"虚断"而且"虚地"。 （   ）

10. 集成运放在开环应用时，一定工作在非线性区。 （   ）

四、计算题

1. 电路如图 5.15 所示，集成运放输出电压的最大幅值为 ±14 V，计算并完成表 5.1。

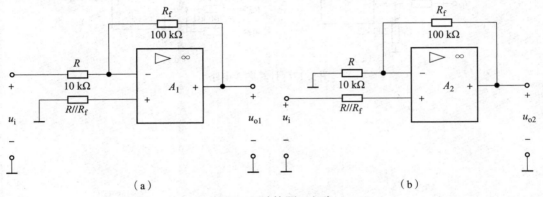

（a）　　　　　　　　　　　　　　　（b）

图 5.15　计算题 1 电路

表 5.1　数据记录表

u_i/V	0.1	0.5	1.0	1.5
u_{o1}/V				
u_{o2}/V				

2. 电路如图 5.16 所示，试求：(1) 输入电阻；(2) 比例系数。

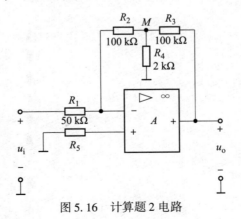

图 5.16　计算题 2 电路

3. 试求图 5.17 所示各电路的输出电压与输入电压的运算关系式。

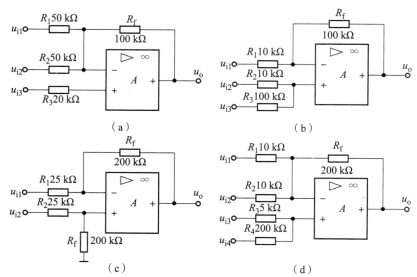

图 5.17 计算题 3 电路

第 6 章

集成功率放大电路

在多级放大电路中，输出的信号往往都是送到负载去驱动一定的装置，如这些装置有收音机中扬声器的音圈、电动机控制绕组、计算机监视器、电视机的扫描偏转线圈等。多级放大电路除了应有电压放大级外，还要求有一个能输出一定信号功率的输出级。这类主要用于向负载提供功率的放大电路常称为功率放大电路。前面所讨论的放大电路主要用于增强电压幅度或电流幅度，因而相应地称为电压放大电路或电流放大电路。但无论哪种放大电路，在负载上都同时存在输出电压、电流和功率，上述称呼上的区别只不过是强调的输出量不同而已。本章以分析功率放大电路的输出功率、效率和非线性失真之间的矛盾为主线，逐步提出解决矛盾的措施。在电路方面，以互补对称功率放大电路为重点进行较详细的分析与计算。

6.1 概　　述

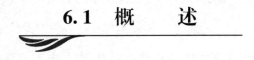

能够向负载提供足够信号功率的放大电路称为功率放大电路，简称功放。其作用是用作放大电路的输出级，去推动负载工作，如使扬声器发声（图 6.1）、继电器动作、仪表指针偏转、电动机旋转等。

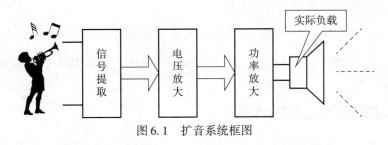

图 6.1　扩音系统框图

6.1.1 功率放大电路的特点和要求

（1）功率要大。在功率放大电路中，为了尽可能提供大的 P_o，要求功放管的电压和电流都有足够大的输出幅度，因此管子往往在接近极限运用状态下工作。但要保证信号不失真，并且输出尽可能大。

（2）效率要高。效率就是负载得到的有用信号功率和电源供给的直流功率的比值。它代表了电路将电源直流能量转换为输出交流能量的能力。

（3）失真要小。功率放大电路是在大信号下工作，所以不可避免地会产生非线性失真，这就使输出功率和非线性失真成为一对主要矛盾。在不同场合下，对非线性失真的要求不同。例如，在测量系统和电声设备中，这个问题显得很重要，而在工业控制系统等场合中，则以输出功率为主要目的，对非线性失真的要求就降为次要问题了。

（4）散热要好。在功率放大电路中，有相当大的功率消耗在管子的集电结上，使结温和管壳温度升高。为了充分利用允许的管耗而使管子输出足够大的功率，放大器件的散热就成为一个重要问题。

（5）电路分析时，不能用小信号交流等效电路法分析，要采用图解法。电路中应采用适当方法改善输出波形，如引入交流负反馈。

6.1.2 功率放大电路的主要技术指标

1. 最大输出功率 P_{om}

输出功率 P_o 等于输出电压与输出电流的有效值乘积，即

$$P_{om} = \frac{1}{\sqrt{2}}I_{om}\frac{1}{\sqrt{2}}U_{om} = \frac{1}{2}I_{om}U_{om} \tag{6.1}$$

式中，I_{om} 为输出电流振幅；U_{om} 为输出电压振幅。

最大输出功率 P_{om} 是在电路参数确定的情况下，负载上可能获得的最大交流功率。

2. 转换效率 η

η 就是负载上得到的有用信号功率 P_o 与电源供给的直流功率 P_V 之比，即

$$\eta = \frac{P_{om}}{P_V} \tag{6.2}$$

式中，P_{om} 为电路的最大输出功率；P_V 为负载获得 P_{om} 时，电源消耗的平均功率。

通常情况下，P_o 功率大，电源消耗的功率 P_V 也大，所以在一定 P_o 时，减小 P_V 可以提高 η。

3. 非线性失真系数 THD

THD 用来衡量非线性失真的程度，即

$$\text{THD} = \frac{1}{I_{m1}}\sqrt{I_{m2}^2 + I_{m3}^2 + \cdots} = \frac{1}{U_{m1}}\sqrt{U_{m2}^2 + U_{m3}^2 + \cdots} \tag{6.3}$$

式中，I_{m1}、I_{m2}、I_{m3}…和 U_{m1}、U_{m2}、U_{m3}…分别为输出电流和输出电压中的基波分量和各次谐波分量的振幅。

6.1.3 功率放大电路的分类

根据放大电路中三极管在输入正弦信号的一个周期内的导通情况，可将放大电路分为 4

种工作状态,即甲类放大(A类放大)、乙类放大(B类放大)、甲乙类放大(AB类放大)和丙类放大(C类放大)。

1. 甲类放大(A类放大)

在输入正弦信号的一个周期内三极管都导通,都有电流流过三极管,这种工作方式称为甲类放大,或称 A 类放大,如图 6.2 所示。此时整个周期都有 $i_C > 0$,功率管的导电角 $\theta = 2\pi$。

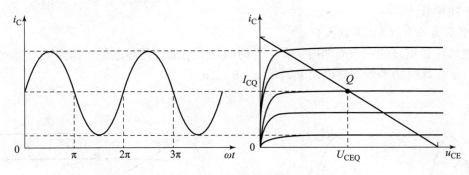

图 6.2 甲类放大(A类放大)

1) 特点

工作点 Q 处于放大区,基本在负载线的中间。在输入信号的整个周期内,三极管都有电流通过,导通角为 360°。

2) 缺点

电路为了避免非线性失真,无论有无输入信号 u_I,管子的功耗均不变,$P_C = U_{CEQ} I_{CQ}$,所以此类电路 η 低,理论上为 50%,实际只有 30%。

由于有 I_{CQ} 的存在,无论有无信号,电源始终不断地输送功率。当没有信号输入时,这些功率全部消耗在晶体管和电阻上,并转化为热量形式耗散出去;当有信号输入时,其中一部分转化为有用的输出功率。

3) 作用

通常用于小信号电压放大器,也可以用于小功率的功率放大器。

2. 乙类放大(B类放大)

在输入正弦信号的一个周期内,只有半个周期三极管导通,称为乙类放大,如图 6.3 所示,此时功率管的导电角 $\theta = \pi$。

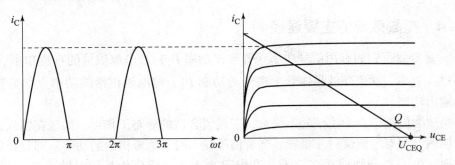

图 6.3 乙类放大(B类放大)

1）特点

工作点 Q 处于截止区。半个周期内有电流流过三极管，导通角为 $180°$。由于 $I_{CQ}=0$，使得没有信号时管耗很小，从而效率提高。

2）缺点

波形被切掉一半，严重失真，如图 6.3 所示。

3）作用

用于功率放大。

3. 甲乙类放大（AB 类放大）

在输入正弦信号的一个周期内，有半个周期以上三极管是导通的，称为甲乙类放大。如图 6.4 所示，此时功率管的导电角 θ 满足 $\pi<\theta<2\pi$。

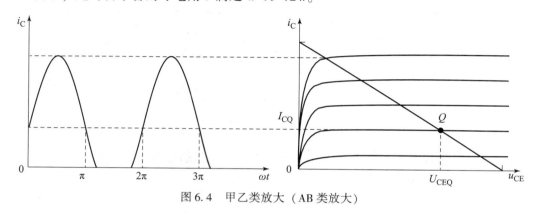

图 6.4　甲乙类放大（AB 类放大）

1）特点

工作点 Q 处于放大区偏下。大半个周期内有电流流过三极管，导通角大于 $180°$ 而小于 $360°$。由于存在较小的 I_{CQ}，所以效率较乙类低，较甲类高。

2）缺点

波形被切掉一部分，严重失真。

3）作用

用于功率放大。

4. 丙类放大（C 类放大）

功率管的导电角小于半个周期，即 $0<\theta<\pi$，如图 6.5 所示。

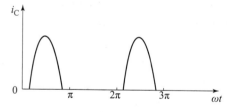

图 6.5　丙类放大（C 类放大）

6.1.4　提高效率的主要途径

效率 η 是负载得到的有用信号功率（即输出功率 P_o）和电源供给的直流功率（P_V）的比值。要提高效率，就应降低晶体管上消耗的功率 P_T，将电源供给的功率大部分转化为有用信号的输出功率。

在甲类放大电路中，为使信号不失真，需设置合适的静态工作点，保证在输入正弦信号的一个周期内，都有电流流过三极管。当有信号输入时，电源供给的功率一部分转化为有用的输出功率，另一部分则消耗在管子（和电阻）上，并转化为热量耗散出去，称为管耗。甲类放大电路的效率是较低的，可以证明，即使在理想情况下，甲类放大电路的效率最高也只能达到50%。

提高效率的主要途径是减小静态电流，从而减少管耗。静态电流是造成管耗的主要因素，因此如果把静态工作点 Q 向下移动，使信号等于零时电源输出的功率也等于零（或很小），信号增大时电源供给的功率也随之增大，这样电源供给功率及管耗都随着输出功率的大小而变化，也就改变了甲类放大时效率低的状况。实现上述设想的电路有乙类和甲乙类放大。

乙类和甲乙类放大主要用于功率放大电路中。虽然减小了静态功耗、提高了效率，但都出现了严重的波形失真，因此，既要保持静态时管耗小，又要使失真不太严重，这就需要在电路结构上采取措施。

6.1.5 功率放大电路与电压放大电路的比较

1. 本质相同

（1）电压放大电路或电流放大电路主要用于增强电压幅度或电流幅度。

（2）功率放大电路主要输出较大的功率。

但无论哪种放大电路，在负载上都同时存在输出电压、电流和功率，从能量控制的观点来看，放大电路实质上都是能量转换电路。因此，功率放大电路和电压放大电路没有本质的区别。称呼上的区别只不过是强调的输出量不同而已。

2. 任务不同

（1）电压放大电路的主要任务是使负载得到不失真的电压信号。其输出的功率并不一定大，在小信号状态下工作。

（2）功率放大电路的主要任务是使负载得到不失真（或失真较小）的输出功率。它是在大信号状态下工作。

3. 指标不同

（1）电压放大电路的主要指标是电压增益、输入和输出阻抗。

（2）功率放大电路的主要指标是功率、效率、非线性失真。

4. 研究方法不同

（1）电压放大电路采用图解法、等效电路法。

（2）功率放大电路采用图解法。

为了获得大的输出功率，必须使输出信号电压大、输出信号电流大、放大电路的输出电阻与负载匹配。电压放大器一般工作在甲类，三极管360°导电，其输出功率由功率三角形确定。甲类放大的效率不高，理论上不超过25%。此外，功率放大电路必须考虑效率问题。为了降低静态时的工作电流，三极管从甲类工作状态改为乙类或甲乙类工作状态。此时虽降低了静态工作电流，但又产生了失真问题。如果不能解决乙类状态下的失真问题，乙类工作状态在功率放大电路中就不能采用。推挽电路和互补对称电路较好地解决了乙类工作状态下的失真问题。

6.2 乙类互补对称功率放大电路

功率放大器早期采用变压器耦合输出，可实现阻抗匹配，但体积大、传输损耗大，在实际中已使用不多。目前大量应用的是无变压器的乙类互补对称功率放大电路。按电源供给的不同，分为双电源互补对称功放电路（OCL）和单电源互补对称功放电路（OTL）。

6.2.1 OCL 放大电路

1. 基本电路组成

双电源互补对称电路又称为无输出电容的功放电路，简称 OCL 电路，其基本电路组成如图 6.6 所示。图中两晶体管分别为 NPN 管和 PNP 管，由于它们的特性相近，故称为互补对称管。两管均接成射极输出电路以增强带负载能力。

2. 工作原理

1）静态分析

静态时两管零偏而截止，故静态电流为零，又由于两管特性对称，故两管输出端的静态电压为零。

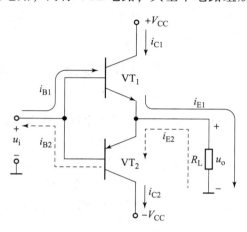

图 6.6 OCL 放大电路组成

2）动态分析

（1）当输入信号处于正半周时，且幅度远大于三极管的开启电压，此时 NPN 型三极管导电，有电流通过负载 R_L，按图 6.6 中方向由上到下，与假设正方向相同。

（2）当输入信号为负半周时，且幅度远大于三极管的开启电压，此时 PNP 型三极管导电，有电流通过负载 R_L，按图 6.6 中方向由下到上，与假设正方向相反。

有输入信号时，两个三极管一个正半周、一个负半周轮流导通、相互补充。在负载上将正半周和负半周合成在一起，得到一个完整的不失真波形。两管轮流导通，既避免了输出波形的严重失真，又提高了电路的效率。

3. 图解分析

该电路负载线方程式为 $u_{CE} = V_{CC} - i_C R_L$，设管子的 $I_{CEO} = 0$，静态电流 $I_{C1} = I_{C2} = 0$，则 $U_{CEQ} = V_{CC}$，属于乙类功放电路。由此可作出图 6.6 所示斜率为 $-1/R_L$ 的负载线。

为便于分析，将 VT_2 管的特性曲线倒置于 VT_1 管特性曲线的右下方，且使 Q 点位置对齐。图中显示了两管信号电流 i_{C1} 和 i_{C2} 波形及合成后的 u_{CE} 波形。

从图 6.7 中可以看出，任意一个半周期内，每个管子 C、E 两端信号电压为 $|u_{CE}| = |V_{CC}| - |u_o|$，而输出电压 $u_o = -u_{CE} = i_o R_L = i_c R_L$。

在一般情况下，$U_{om} = U_{cem}$，$I_{om} = I_{cm}$，其大小随输入信号幅度而变化，最大输出电压幅度为 $U_{om(max)} = V_{CC} - U_{CE(sat)} \approx V_{CC}$。

4. 电路性能参数计算

1）最大输出功率 P_{om}

由图 6.7 可见，$I_{om} = I_{cm}$，$U_{om} = U_{cem}$，得

$$P_o = \frac{1}{2} I_{cm} U_{cem} = \frac{1}{2} \frac{U_{cem}^2}{R_L} \tag{6.4}$$

当输入信号足够大时，$U_{cem} = V_{CC} - U_{CE(sat)} \approx V_{CC}$，则

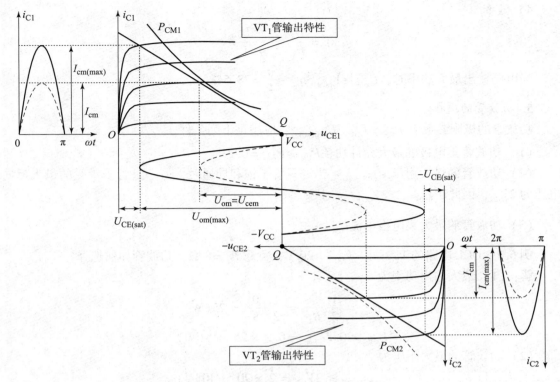

图 6.7 乙类互补对称功率放大电路（OCL）的图解分析

$$P_{om} = \frac{1}{2}\frac{U_{cem}^2}{R_L} = \frac{1}{2}\frac{(V_{CC} - U_{CE(sat)})^2}{R_L} \approx \frac{1}{2}\frac{V_{CC}^2}{R_L} \tag{6.5}$$

2）直流电源供给功率 P_V

根据傅里叶级数分解，周期性半波电流的平均值 $I_{av} = I_{cm}/\pi$，因此正负电源供给的直流功率为

$$P_V = I_{av}V_{CC} + I_{av}V_{CC} = 2I_{av}V_{CC} = \frac{2}{\pi}V_{CC}I_{cm}$$

$$= \frac{2V_{CC}U_{cem}}{\pi R_L} = \frac{2V_{CC}(V_{CC} - U_{CE(sat)})}{\pi R_L} \tag{6.6}$$

3）管耗 P_C

（1）平均管耗。

由于三极管 VT_1、VT_2 各导通半个周期，且两管对称，故两管的管耗相同，每只管子的平均管耗为

$$P_{C1} = \frac{1}{2}(P_V - P_o) = \frac{1}{R_L}\left(\frac{V_{CC}U_{cem}}{\pi} - \frac{U_{cem}^2}{4}\right) \tag{6.7}$$

（2）输出最大功率时的管耗为

$$P_{c1(U_{cem} \approx V_{CC})} \approx 0.137 P_{om} \tag{6.8}$$

（3）最大管耗。

当 $U_{cem} = \frac{2}{\pi}V_{CC}$ 时，出现最大管耗，且为 $P_{cm1} \approx 0.2 P_{om}$。

4）效率

$$\eta = \frac{P_o}{P_V} = \frac{\pi}{4} \frac{U_{cem}}{V_{CC}} \tag{6.9}$$

当电路输出最大功率时，$U_{cem} \approx V_{CC}$，$\eta_m \approx \frac{\pi}{4} = 78.5\%$。

5. 功放管的选择

功放管的极限参数有 P_{CM}、I_{CM}、$U_{(BR)CEO}$，应满足下列条件。

（1）功放管集电极的最大允许功耗 $P_{CM} \geqslant P_{cm1} = 0.2P_{om}$。

（2）功放管的最大耐压 $U_{(BR)CEO}$：当一只管子饱和导通时，另一只管子承受的最大反向电压为 $2V_{CC}$，因此 $U_{(BR)CEO} \geqslant 2V_{CC}$。

（3）功放管的最大集电极电流 $I_{CM} \geqslant \dfrac{V_{CC}}{R_L}$。

例 6.1 OCL 电路的 $V_{CC} = |-V_{CC}| = 20$ V，负载 $R_L = 8$ Ω，功放管如何选择？

解：（1）最大输出功率为

$$P_{om} = \frac{1}{2} \frac{V_{CC}^2}{R_L} = \frac{1}{2} \frac{20^2}{8} = 25(W)$$

$$P_{CM} \geqslant 0.2 P_{om} = 0.2 \times 25 = 5(W)$$

（2）功放管的最大耐压为

$$U_{(BR)CEO} \geqslant 2V_{CC} = 2 \times 20 = 40(V)$$

（3）功放管的最大集电极电流为

$$I_{CM} \geqslant \frac{V_{CC}}{R_L} = \frac{20}{8} = 2.5(A)$$

6. 消除交越失真的 OCL 放大电路

1）交越失真

乙类放大电路静态 I_C 为零，效率高。但严格地说，输入信号很小时，达不到三极管的开启电压，三极管不导电。只有当信号电压大于导通电压时，管子才能导通。因此，当信号电压小于导通电压时，就没有电压输出。因此，信号在过零点附近，其波形会出现失真，称为交越失真，如图 6.8 所示。

如果为正弦信号，引起基极电流失真，输出电压波形产生交越失真。为了消除交越失真，应当设置合适的静态工作点，保证三极管 VT_1、VT_2 的 Q 点工作在临界导通或微导通状态。且由于电路的对称性，电路在 Q 点时，$u_o = 0$。

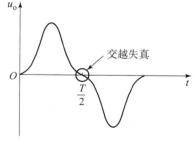

图 6.8 OCL 放大电路交越失真示意图

2）消除交越失真的 OCL 电路

在图 6.9 中，R_2、VD_1、VD_2 提供合适的偏置电压，使 VT_1、VT_2 静态时处于微导通状态，如果 u_i 为正弦信号：当 u_i 为正半周时，VT_1 导通、VT_2 截止，R_L 有正向电流流过；当 u_i 为负半周时，VT_2 导通、VT_1 截止，R_L 有负向电流流过，u_o 消除了交越失真，为正弦信号（正常信号）。

静态时：$U_{B1、B2} = U_{R2} + U_{VD1} + U_{VD2}$，略大于 VT_1 管和 VT_2 管开启电压之和，两只管子均处于微导通状态。通过调节 R_2 使 U_E 为 0，即输出电压 u_o 为 0。

动态时：$u_{B1} \approx u_{B2} \approx u_i$，$VD_1$、$VD_2$ 的动态电阻很小，R_2 的阻值也较小。

两管的导通时间都比输入信号的半个周期长，因而消除了交越失真。

例 6.2 甲乙类互补对称功放电路如图 6.9 所示，$V_{CC} = 12\ V$，$R_L = 35\ \Omega$，两个管子的 $U_{CE(sat)} = 2\ V$，试求：

（1）最大不失真输出功率；
（2）电源供给的功率；
（3）最大输出功率时的效率。

解：（1）最大不失真输出功率为

$$P_{om} = \frac{1}{2} \cdot \frac{(V_{CC} - U_{CE(sat)})^2}{R_L} = 1.43(W)$$

（2）电源供给的功率为

$$P_V = \frac{2}{\pi} \cdot \frac{V_{CC}(V_{CC} - U_{CE(sat)})}{R_L} = 2.2(W)$$

（3）最大输出功率时的效率为

$$\eta_m = \frac{\pi}{4} \cdot \frac{V_{CC} - U_{CE(sat)}}{V_{CC}} = 65\%$$

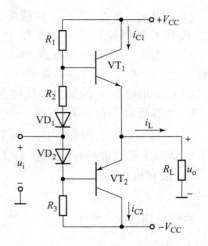

图 6.9 消除交越失真的 OCL 放大电路

6.2.2 OTL 放大电路

OCL 电路线路简单、效率高，但要采用双电源供电，给使用和维修带来不便。采用单电源供电的互补对称电路，称为无输出变压器的功放电路，简称 OTL 电路，如图 6.10 所示。其特点是在输出端负载支路中串接了大容量电容 C。

1. 电路组成原理

1）电路组成

R_2、VD_1、VD_2 为二极管偏置电路，提供合适的偏置电压，使 VT_1、VT_2 静态时处于微导通状态。VT_1、VT_2 组成互补对称电路。

2）电容 C 的作用

C 容量很大，可满足 $R_L C \gg T$（信号周期），有信号输入时，电容两端电压基本不变，可视为一恒定值 $V_{CC}/2$。该电路就是利用大电容的储能作用，来充当另一组电源 $-V_{CC}$。此外，C 还有隔直作用。

2. 工作原理

该电路工作原理与 OCL 电路相似。

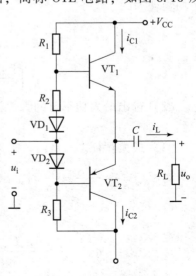

图 6.10 OTL 放大电路

(1) 当 $u_i > 0$ 时，VT_1 反偏截止，VT_2 正偏导通，C 放电，经 VT_2 放大的电流由该管集电极经 R_L 和 C 流回发射极，负载 R_L 上获得负半周电压。

(2) 当 $u_i < 0$ 时，VT_1 正偏导通，VT_2 反偏截止。经 VT_1 放大后的电流经 C 送给负载 R_L，且对 C 充电，R_L 上获得正半周电压。

(3) 输出电压 u_o 的最大幅值约为 $V_{CC}/2$。

3. 电路性能参数计算

OTL 电路与 OCL 电路相比，每个管子实际工作电源电压不是 V_{CC}，而是 $V_{CC}/2$，故计算 OTL 电路的主要性能指标时，将 OCL 电路计算公式中的参数 V_{CC} 全部改为 $V_{CC}/2$ 即可。

1) 最大输出功率 P_{om}

由输出电压最大幅值 $U_{om} = \frac{1}{2}V_{CC} - U_{CE(sat)}$，有效值 $U_{om} = \dfrac{\frac{1}{2}V_{CC} - U_{CE(sat)}}{\sqrt{2}}$ 可得最大输出功率为

$$P_{om} = \frac{U_{om}^2}{R_L} = \frac{\left(\frac{1}{2}V_{CC} - U_{CE(sat)}\right)^2}{2R_L} \tag{6.10}$$

2) 直流电源供给功率 P_V

根据傅里叶级数分解，周期性半波电流的平均值 $I_{av} = I_{cm}/\pi$，因此电源供给的直流功率为

$$P_V = I_{av}\frac{V_{CC}}{2} + I_{av}\frac{V_{CC}}{2} = I_{av}V_{CC} = \frac{I_{cm}}{\pi} \cdot V_{CC}$$

$$= \frac{V_{CC}U_{cem}}{\pi R_L} = \frac{V_{CC}\left(\frac{V_{CC}}{2} - U_{CE(sat)}\right)}{\pi R_L} \tag{6.11}$$

3) 管耗 P_C

(1) 平均管耗。

由于三极管 VT_1、VT_2 各导通半个周期，且两管对称，故两管的管耗相同，每只管子的平均管耗为

$$P_{C1} = \frac{1}{2}(P_V - P_o) = \frac{1}{R_L}\left(\frac{V_{CC}U_{cem}}{\pi} - \frac{U_{cem}^2}{4}\right)$$

$$= \frac{1}{R_L}\left[\frac{V_{CC}(V_{CC} - 2U_{CE(sat)})}{4\pi} - \frac{(V_{CC} - 2U_{CE(sat)})^2}{16}\right] \tag{6.12}$$

(2) 输出最大功率时的管耗为

$$P_{C1(U_{cem} \approx V_{CC})} \approx 0.137 P_{om} \tag{6.13}$$

(3) 最大管耗。

当 $U_{cem} = \dfrac{2}{\pi} \cdot \dfrac{V_{CC}}{2} = \dfrac{V_{CC}}{\pi}$ 时，出现最大管耗，且为 $P_{cm1} \approx 0.2 P_{om}$。

4) 效率

$$\eta = \frac{P_o}{P_V} = \frac{\pi}{4}\frac{U_{cem}}{V_{CC}} = \frac{\pi}{4}\frac{\frac{1}{2}V_{CC} - U_{CE(sat)}}{\frac{1}{2}V_{CC}} = \frac{\pi}{4}\frac{V_{CC} - 2U_{CE(sat)}}{V_{CC}} \tag{6.14}$$

6.3 其他类型互补功率放大电路

除了双电源和单电源的标准互补功率放大电路外,还有一些其他类型的互补功率放大电路。

1. 采用复合管的互补功率放大电路

输出功率较大的电路,应采用较大功率的功率管。但大功率管的电流放大系数 β 往往较小,且选用特性一致的互补管也比较困难。故在实际应用中,用复合管来解决这两个问题。复合管是指用两只或多只三极管按一定规律进行组合,等效成一只三极管,复合管又称达林顿管。复合管有 4 种形式,如图 6.11 所示。

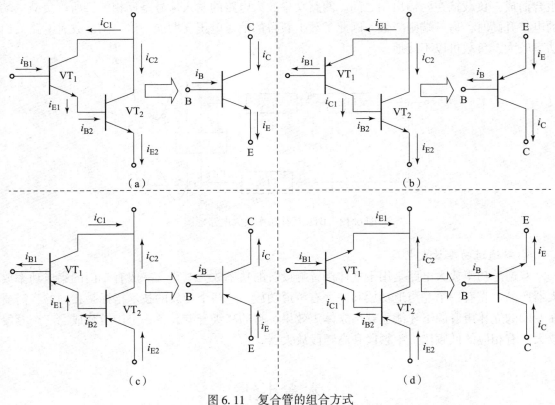

图 6.11 复合管的组合方式
(a) NPN 管;(b) PNP 管;(c) PNP 管;(d) NPN 管

复合管具有以下特点:

(1) 复合管的导电类型取决于前一只管子,即 i_B 向管内流者等效为 NPN 管,如图 6.11 (a)、(d) 所示。i_B 向管外流者等效为 PNP 管,如图 6.11 (b)、(c) 所示。

(2) 复合管的电流放大系数 $\beta \approx \beta_1 \beta_2 \cdots$。

(3) 组成复合管的各管各极电流应满足电流一致性原则,即连接点处电流方向一致,并在连接点处保证总电流为两管输出电流之和。

2. 集成功率放大器

集成功率放大器广泛用于音响、电视和小电机的驱动方面。集成功放是在集成运算放大器的电压互补输出级后，加入互补功率输出级构成的。大多数集成功率放大器实际上也就是一个具有直接耦合特点的运算放大器。它的使用方法原则上与集成运算放大器相同。

集成功放使用时不能超过规定的极限参数，极限参数主要有功耗和最大允许电源电压。集成功放要加有足够大的散热器，保证在额定功耗下温度不超过允许值。集成功放一般允许加上较高的工作电压，但许多集成功放可以在低电压下工作，适用于无交流供电的场合，此时集成功放电源电流较大，非线性失真也较大。

3. BTL 互补功率放大电路

BTL 互补功率放大电路框图如图 6.12 所示。它是由两路功率放大电路和反相比例电路组合而成，负载接在两输出端之间。两路功率放大电路的输入信号是反相的，所以负载一端的电位升高时，另一端则降低，因此负载上获得的信号电压要增加一倍。BTL 放大电路输出功率较大，负载可以不接地。

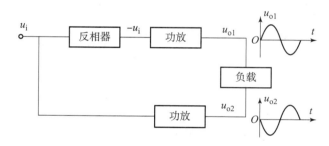

图 6.12　BTL 互补功率放大电路框图

4. 双通道功率放大电路

双通道功率放大电路是用于立体声音响设备的功率放大电路，一般有专门的集成功率放大器产品。它有一个左声道功放和一个右声道功放，这两个功放的技术指标是相同的，需要在专门的立体声音源下才能显现出立体声效果。有的高级音响设备一个声道分成二三个频段放大，有相应的低频段、中频段和高频段放大器。

本章小结

（1）功率放大器的任务是向负载提供符合要求的交流功率，因此主要考虑的是失真度要小、输出功率要大、三极管的损耗小、效率高，主要技术指标是输出功率、管耗、效率、非线性失真等。

（2）互补对称功率放大电路（OCL、OTL）是由两个管型相反的射极输出器组合而成。为了解决功率三极管的互补对称问题，利用复合管可获得大电流增益和较为对称的输出特性。

习　题

一、选择题

1. 功率放大电路的转换效率是指（　　）。
   A. 输出功率与晶体管所消耗的功率之比
   B. 输出功率与电源提供的平均功率之比
   C. 晶体管所消耗的功率与电源提供的平均功率之比

2. 乙类功率放大电路的输出电压信号波形存在（　　）。
   A. 饱和失真　　　　　B. 交越失真　　　　　C. 截止失真

3. 功率放大电路与电压放大电路共同的特点是（　　）。
   A. 都使输出电压大于输入电压　　　　B. 都使输出电流大于输入电流
   C. 都使输出功率大于信号源提供的输入功率

4. 功率放大电路与电压放大电路的区别是（　　）。
   A. 前者比后者效率高　　　　　　　　B. 前者比后者电压放大倍数大
   C. 前者比后者电源电压高

5. 乙类双电源互补对称功率放大电路的转换效率理论上最高可达到（　　）。
   A. 25%　　　　　B. 50%　　　　　C. 78.5%

6. 功放电路的能量转换效率主要与（　　）有关。
   A. 电源供给的直流功率　　　　　　　B. 电路输出信号最大功率
   C. 电路的类型

7. 互补对称功率放大电路从放大作用来看，（　　）。
   A. 既有电压放大作用，又有电流放大作用
   B. 只有电流放大作用，没有电压放大作用
   C. 只有电压放大作用，没有电流放大作用

8. 为了克服交越失真，应（　　）。
   A. 进行相位补偿　　　　　　　　　　B. 适当增大功放管的静态$|U_{BE}|$
   C. 适当减小功放管的静态$|U_{BE}|$　　D. 适当增大负载电阻R_L的阻值

9. 与甲类功率放大方式相比，乙类功率放大方式的主要优点是（　　）。
   A. 不用输出变压器　　　　　　　　　B. 不用输出端大电容
   C. 效率高　　　　　　　　　　　　　D. 无交越失真

10. 由于功放电路中三极管经常处于接近极限工作状态，故选择三极管时要特别注意参数（　　）。
    A. I_{CBO}　　　　　　　　　　　　B. f_T
    C. β　　　　　　　　　　　　　D. P_{CM}、I_{CM}和$U_{(BR)CEO}$

11. 两个相同类型的晶体管构成的复合管的β和r_{be}分别为（　　）。
    A. $\beta \approx \beta_1\beta_2$，$r_{be}=r_{be1}+r_{be2}$　　　B. $\beta \approx \beta_1$，$r_{be}=r_{be1}$
    C. $\beta \approx \beta_1\beta_2$，$r_{be}=r_{be1}+(1+\beta_1)r_{be2}$　　D. 不确定

二、填空题

1. 根据三极管导通时间对放大电路进行分类，在信号的整个周期内三极管都导通的称为_____类放大电路；只有半个周期导通的称为_____类放大电路；大半个多周期导通的称为_____类放大电路。

2. 在乙类互补对称功率放大器中，因晶体管交替工作而引起的失真叫作_____。

3. 功率放大电路输出较大的功率来驱动负载，其输出的_____和_____信号的幅度均较大，可达到接近功率管的_____参数。

4. 甲类放大电路是指放大管的导通角等于_____；乙类放大电路的导通角等于_____；甲乙类放大电路的导通角为_____。

5. 甲乙类单电源互补对称电路又称_____电路，它用在输出端所串接的_____取代双电源中的负电源。

6. 对甲乙类功率放大器，其静态工作点一般设置在特性曲线的_____。

7. 功率放大电路根据输出幅值 U_{om}、负载电阻 R_L 和电源电压 V_{CC} 计算出输出功率 P_o 和电源消耗功率 P_V 后，可以方便地根据 P_o 和 P_V 值来计算每只功率管消耗的功率 P_{T1} = _____，而效率 η = _____。

8. 有一 OTL 电路，其电源电压 V_{CC} = 16 V，R_L = 8 Ω。在理想情况下，可得到最大输出功率为_____ W。

9. 基本互补对称功率放大电路，存在_____失真；可以通过加偏置电压来克服，在具体电路中是利用前置电压放大级中_____或_____上的压降来实现。

10. 甲类、乙类和甲乙类 3 种放大电路相比，_____的效率最高，_____的效率最低。

三、判断题

1. 功率放大电路的最大输出功率是指在基本不失真情况下，负载上可能获得的最大交流功率。（ ）

2. 乙类互补对称功率放大电路中，输入信号越大，交越失真也越大。（ ）

3. 功率放大电路与电压放大电路、电流放大电路的共同点是都使输出功率大于信号源提供的输入功率。（ ）

4. 功率放大电路与电压放大电路、电流放大电路的共同点是都使输出电压大于输入电压。（ ）

5. 功率放大电路所要研究的问题就是一个输出功率大小的问题。（ ）

6. 功率放大电路与电流放大电路的区别是前者比后者效率高。（ ）

7. 当单、双电源互补对称功率放大电路所用电源电压值相等时，若负载相同，则它们的最大输出功率也相同。（ ）

8. 所谓 OTL 电路是指无输出电容的功率放大电路。（ ）

9. 在输出信号不失真的条件下，对于变压器耦合单管甲类功放电路，电源给出的功率是一常数。（ ）

10. 由于功率放大器中的晶体管处于大信号工作状态，所以微变等效电路方法不再适用。（ ）

四、计算题

1. 图 6.13 所示两个电路中,已知 V_{CC} 均为 6 V,R_L 均为 8 Ω,且图 6.13(a)中电容足够大,假设三极管饱和压降可忽略。

(1) 分别估算两个电路的最大输出功率 P_{om}。

(2) 分别估算两个电路的直流电源消耗的功率 P_V。

(3) 分别说明两个电路的名称。

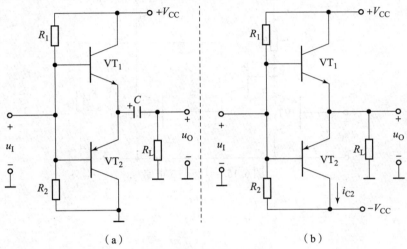

图 6.13 计算题 1 电路

2. 在图 6.14 所示电路中,已知 V_{CC} = 16 V,R_L = 4 Ω,VT_1 和 VT_2 管的饱和管压降 $|U_{CES}|$ = 2 V,输入电压足够大。

(1) 最大输出功率 P_{om} 和效率 η 各为多少?

(2) 晶体管的最大功耗 P_{Tmax} 为多少?

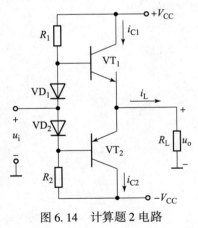

图 6.14 计算题 2 电路

3. 分析图 6.15 所示电路。

(1) 三极管 VT_1 构成何种组态电路?起何作用?若出现交越失真,该如何调节?

(2) 若 VT_3、VT_5 的饱和管压降可忽略不计,求该电路最大不失真输出时的功率及效率。

（3）该电路为 OCL 还是 OTL？

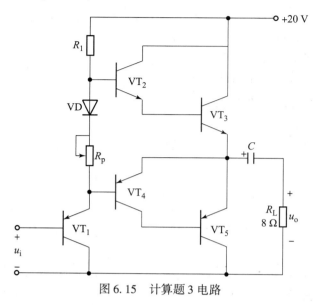

图 6.15　计算题 3 电路

第 7 章 正弦波振荡电路

正弦波振荡电路是用来产生一定频率和幅度的正弦交流信号的电子电路。它的频率范围可以从几赫兹到几百兆赫兹，输出功率可能从几毫瓦到几十千瓦，广泛用于各种电子电路中。在通信、广播系统中，用它作为高频信号源；电子测量仪器中的正弦小信号源，数字系统中的时钟信号源。另外，还可作为高频加热设备以及医用电疗仪器中的正弦交流能源。正弦波振荡电路是利用正反馈原理构成的反馈振荡电路。本章将在之前介绍反馈放大电路的基础上，先分析振荡电路的自激振荡的条件，然后介绍 LC 和 RC 振荡电路。

7.1 概 述

正弦波振荡电路用来产生一定频率和幅值的正弦交流信号。它的频率范围很广，可以从 1 Hz 以下到几百兆赫兹以上；输出功率可以从几毫瓦到几十千瓦；输出的交流电能是从电源的直流电能转换而来的。它主要应用在无线电通信、广播电视、工业上的高频感应炉、超声波发生器、正弦波信号发生器、半导体接近开关等方面。

常用的正弦波振荡器分为以下几种。

① LC 振荡电路：输出功率大、频率高。
② RC 振荡电路：输出功率小、频率低。
③ 石英晶体振荡电路：频率稳定度高。

7.1.1 振荡电路框图

图 7.1 所示为正反馈放大器的原理框图，在放大器的输入端存在下列关系，即

$$X_i = X_s + X_f \tag{7.1}$$

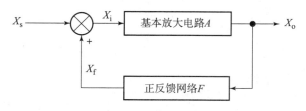

图 7.1　正反馈放大电路框图

式中，X_i 为净输入信号，且 $F = \dfrac{X_f}{X_o}$ 及 $A = \dfrac{X_o}{X_i}$，则正反馈放大器的闭环增益 $A_f = \dfrac{X_o}{X_s} = \dfrac{AX_i}{X_i - X_f} = \dfrac{AX_i}{X_i - AFX_i}$，最后得到

$$A_f = \dfrac{A}{1 - AF} \tag{7.2}$$

7.1.2　自激振荡

1. 自激振荡的定义

在放大电路中，输入端接有信号源后，输出端才有信号输出。在一个放大电路中，当输入信号为零时，输出端有一定频率和幅值的信号输出，这种现象称为放大电路的自激振荡。

在正反馈放大电路中，如果满足条件 $|1 - AF| = 0$（或 $AF = 1$），则在图 7.1 中如果有很小的信号 X_s 输入，便可以有很大的信号 $X_o = A_f X_s$ 输出。如果使反馈信号与净输入信号相等，即 $X_f = X_i$，那么可以不外加信号 X_s 而用反馈信号 X_f 取代输入信号 X_i，仍能确保信号的输出，这时整个电路就成为一个自激振荡电路，自激荡器的方框图就可以绘成图 7.2 所示的形式。

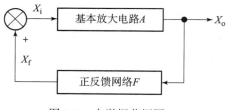

图 7.2　自激振荡框图

2. 自激振荡的条件

由上述分析可知，当 $AF = 1$ 时自激振荡可维持振荡。$AF = 1$ 即为自激振荡的平衡条件，其中 A 和 F 都是频率的函数，可用复数表示为 $A = |A| \angle \varphi_A$ 和 $F = |F| \angle \varphi_F$，则 $AF = |AF| \angle (\varphi_A + \varphi_F)$，即

$$|AF| = AF = 1 \tag{7.3}$$

$$\varphi_A + \varphi_F = \pm 2n\pi \quad (n = 0,1,2,3,\cdots) \tag{7.4}$$

式（7.3）称为自激振荡的振幅平衡条件。幅度条件表明，反馈放大器要产生自激振荡，还必须有足够的反馈量（可以通过调整放大倍数 A 或反馈系数 F 达到）。

式（7.4）称为自激振荡的相位平衡条件。相位条件意味着振荡电路必须是正反馈。

综上所述，振荡器就是一个没有外加输入信号的正反馈放大器，要维持等幅自激振荡，放大器必须满足振幅平衡条件和相位平衡条件。上述振荡条件如果仅对某一单一频率成立时，则振荡波形为正弦波，称为正弦波振荡器。

7.1.3 正弦波振荡电路基本构成

正弦波振荡电路一般包含以下几个基本组成部分。

（1）基本放大电路：提供足够的增益，且增益的值具有随输入电压增大而减少的变化特性。

（2）反馈网络：它的主要作用是形成正反馈，以满足相位平衡条件。

（3）选频网络：它的主要作用是实现单一频率信号的振荡。在构成上，选频网络与反馈网络可以单独构成，也可合二为一。很多正弦波振荡电路中，选频网络与反馈网络在一起，选频网络由 LC 电路组成的，称为 LC 正弦波振荡电路；由 RC 电路组成的，称为 RC 正弦波振荡电路；由石英晶体组成的，称为石英晶体正弦波振荡电路。

（4）稳幅环节：引入稳幅环节可以使波形幅值稳定，而且波形的形状良好。

判断电路能否产生振荡的分析方法如下：

（1）检查电路是否满足以上几个组成部分。

（2）检查放大电路是否正常工作。

（3）将电路在放大器输入端断开，利用瞬时极性法判断电路是否满足相位平衡条件。

（4）分析是否满足振荡产生的幅度条件，一般 AF 应略大于 1。

7.1.4 振荡电路的起振过程

振荡电路刚接通电源时，电路中会出现一个电冲击，从而得到一些频谱很宽的微弱信号，它含有各种频率的谐波分量。经过选频网络的选频作用，使 $f=f_0$ 的单一频率分量满足自激振荡条件，其他频率的分量不满足自激振荡条件，这样就将 $f=f_0$ 的频率信号从最初信号中挑选出来。在起振时，除满足相位条件（即正反馈）外，还要使 $AF>1$，这样，通过放大→输出→正反馈→放大的循环过程，$f=f_0$ 的频率信号就会由小变大，其他频率信号因不满足自激振荡条件而衰减下去。振荡就建立起来了。

由于晶体管的特性曲线是非线性的，当信号幅度增大到一定程度时，电压放大倍数 A_u 就会随之下降，最后达到 $AF=1$，振荡幅度就会自动稳定在某一振幅上。从 $AF>1$ 到 $AF=1$ 过程，就是振荡电路自激振荡的建立与稳定的过程。

7.2 LC 振荡电路

LC 振荡电路的选频电路由电感和电容构成，可以产生高频振荡（几百千赫以上）。由于高频运放价格较高，所以一般用分立元件组成放大电路。本节只对 LC 振荡电路的结构和工作原理做简单介绍。

采用 LC 谐振网络作选频网络的振荡电路称为 LC 振荡电路。LC 振荡电路通常采用电压正反馈。按反馈电压取出方式不同，可分为变压器反馈式、电感三点式、电容三点式 3 种典型电路。3 种电路的共同特点是采用 LC 并联谐振回路作为选频网络。

7.2.1 LC 回路的频率特性

一个 LC 并联回路如图 7.3（a）所示，其中 R 表示电感线圈和回路其他损耗总的等效电阻。其幅频特性和相频特性如图7.3（b）和图7.3（c）所示。

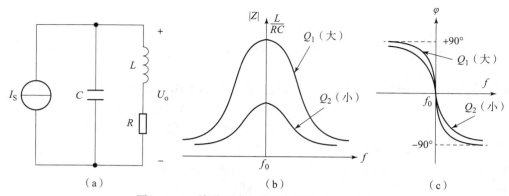

图 7.3 LC 并联回路及其频率特性（$Q_1 > Q_2$）
(a) LC 并联回路；(b) LC 并联回路幅频特性；(c) LC 并联回路相频特性

当 LC 并联回路发生谐振时，谐振频率为

$$f_0 = \frac{1}{2\pi\sqrt{LC}} \tag{7.5}$$

电路阻抗 Z 达到最大，其值为

$$Z_0 = \frac{Q}{\omega_0 C} = Q\omega_0 L = \frac{L}{RC} \tag{7.6}$$

式（7.6）中 Q 为回路品质因数，其值为

$$Q = \frac{\omega_0 L}{R} = \frac{1}{\omega_0 CR} \tag{7.7}$$

由图7.3（b）和图7.3（c）可知，当外加信号频率 f 等于 LC 回路的固有频率 f_0（$f = f_0$）时，电路发生并联谐振，阻抗 Z 达到最大值 Z_0，相位角 $\varphi = 0$，电路呈纯电阻性，当 f 偏离 f_0 时，由于 Z 将显著减小，φ 不再为零，在 $f < f_0$ 时，电路呈感性；$f > f_0$ 时，电路呈容性，利用 LC 并联谐振时呈高阻抗这一特点，来达到选取信号的目的，这就是 LC 并联谐振回路的选频特性。可以证明，品质因数越高，选择性越好，但品质因数过高，传输的信号会失真。

因此，采用 LC 谐振回路作为选频网络的振荡电路，只能输出 $f = f_0$ 的正弦波，其振荡频率为

$$f = f_0 = \frac{1}{2\pi\sqrt{LC}} \tag{7.8}$$

当改变 LC 回路的参数 L 或 C 时，就可改变输出信号的频率。

7.2.2 变压器反馈式振荡电路

在变压器反馈式振荡电路中，其谐振回路接在共发射极电路集电极的称为共射调集振荡电路，类似的还有共射调基振荡电路和共基调射振荡电路。下面以共射调集变压器反馈式 LC 振荡电路为例进行分析。

1. 电路组成

图7.4所示电路就是共射调集变压器反馈式 LC 振荡电路，它由放大电路、LC 选频网络

和变压器反馈电路三部分组成。线圈 L 与电容 C 组成的并联谐振回路作为晶体管的集电极负载,起选频作用,由变压器副边绕组来实现反馈,所以称之为变压器反馈式 LC 正弦波振荡电路,输出的正弦波通过 L_1 耦合给负载,C_b 为基极耦合电容。

2. 振荡的建立与稳定

首先按图 7.4 所示反馈线圈 L_1 的极性标记,根据同名端和用"瞬时极性法"判别可知,符合正反馈要求,满足振荡的相位条件。其次,当电源接通后瞬间,电路中会存在各种电的扰动,这些扰动是通过具有谐振回路的两端产生的,具有较大的电压,通过反馈线圈回路送到放大器的输入端进行放大。经放大和反馈的反复循环,频率为 f_0 的正弦电压的振幅就会不断地增大,于是振荡就建立起来。

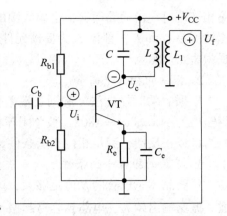

图 7.4 变压器反馈式振荡电路

由于晶体管的输出特性是非线性的,放大器增益将随输入电压的增大而减小,直到 $AF=1$,振荡趋于稳定,最后电路就稳定在某一幅度下工作,维持等幅振荡。

3. 振荡频率

$$f = f_0 \approx \frac{1}{2\pi\sqrt{LC}} \tag{7.9}$$

4. 电路的优、缺点

变压器反馈式振荡电路通过互感实现耦合和反馈,很容易实现阻抗匹配和达到起振要求,所以效率较高,应用很普遍。可以在 LC 回路中装置可变电容器来调节振荡频率,调频范围较宽,一般在几千赫兹至几百千赫兹。为了进一步提高振荡频率,选频放大器可改为共基极接法。该电路在安装中要注意的问题是反馈线圈的极性不能接反;否则就变成负反馈而不能起振。若反馈线圈的连接正确仍不能起振,可增加反馈线圈的匝数。

7.2.3 电感三点式振荡电路

三点式振荡电路有电容三点式电路和电感三点式电路,它们的共同点是谐振回路的 3 个引出端点与三极管的 3 个电极相连接(指交流通路),其中,与发射极相接的为两个同性质电抗,与集电极和基极相接的是异性质电抗。这种规定可作为三点式振荡电路的组成法则,利用这个法则,可以判别三点式振荡电路的连接是否正确。

1. 电路组成

电感三点式振荡电路,也称为哈脱莱振荡电路,电路如图 7.5 所示。由放大电路、选频网络和正反馈回路组成。选频网络是由带中间抽头的电感线圈 L_1、L_2 与电容 C 组成,将电感线圈的 3 个端点(首端、中间抽头和尾端)分别与放大电

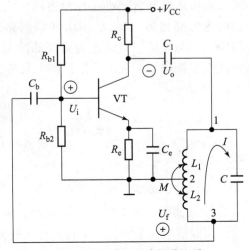

图 7.5 电感三点式振荡电路

路相连。对交流通路而言，电感线圈的 3 个端点分别与三极管的 3 个极相连，其中与发射极相接的是 L_1 和 L_2。线圈 L_2 为反馈元件，通过它将反馈电压送到输入端。C_1、C_b 及 C_e 对交流视为短路。

2. 振荡的相位平衡条件

根据"瞬时极性法"和同名端差别可知，当输入信号瞬时极性为 ⊕ 时，经过三极管倒相输出为 ⊖，即 $\varphi_F = 180°$，整个闭环相移 $\varphi = \varphi_A + \varphi_F = 360°$，即反馈信号与输入信号同相，电路形成正反馈，满足相位平衡条件。

3. 振荡的振幅平衡条件

只要晶体三极管的 β 值足够大，该电路就能满足振荡的振幅平衡条件。L_2 越大，反馈越强，振荡输出越大，电路越容易起振，只要求用较小 β 的晶体管就能够使振荡电路起振。

4. 振荡频率

$$f = \frac{1}{2\pi\sqrt{LC}} = \frac{1}{2\pi\sqrt{(L_1 + L_2 + 2M)C}} \tag{7.10}$$

式中，M 为耦合线圈的互感系数。通过改变电容 C 可改变输出信号频率。

5. 电路优、缺点

（1）电路较简单，易连接。

（2）耦合紧，同名端不会接错，易起振。

（3）采用可变电容器，能在较宽范围内调节振荡频率，振荡频率一般为几十赫兹至几十兆赫兹。

（4）高次谐波分量大，波形较差。

7.2.4 电容三点式振荡电路

1. 电路组成

电容三点式振荡电路又称为考毕兹电路，电路如图 7.6 所示，反馈电压取自 C_1、C_2 组成的电容分压器。三极管 VT 为放大器件，R_{b1}、R_{b2}、R_c、R_e 用来建立直流通路和合适的工作点电压，C_b 为耦合电容，C_e 为旁路电容，L、C_1、C_2 并联回路组成选频反馈网络。与电感三点式振荡电路的情况相似，这样的连接也能保证实现正反馈，产生振荡。

2. 振荡频率

$$f_0 \approx \frac{1}{2\pi\sqrt{LC}} \tag{7.11}$$

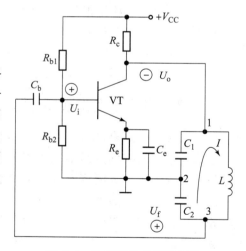

图 7.6 电容三点式振荡电路

式中，$C = \dfrac{C_1 C_2}{C_1 + C_2}$。

3. 电路优、缺点

（1）反馈电压从电容 C_2 两端取出，频率越高，容抗越小，反馈越弱，减少了高次谐波分量，从而输出波形好，频率稳定性也较高。

（2）振荡频率较高，可达 100 MHz 以上。

(3) 要改变振荡频率，必须同时调节 C_1 和 C_2，调整不方便，并将导致振荡稳定性变差。

4. 改进型电容三点式振荡电路

为了方便地调节电容三点式振荡电路的振荡频率，通常在线圈 L 上串联一个容量较小的可变电容 C_3，电路如图 7.7 所示。

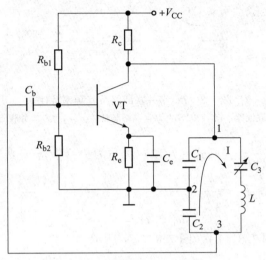

图 7.7　改进型电容三点式振荡电路

7.3　RC 振荡电路

LC 振荡电路的振荡频率过低时，所需的 L 和 C 就很大，这将使振荡电路结构不合理、经济不合算，而且性能也变坏，在几百千赫兹以下的振荡电路常采用 RC 振荡电路。由 RC 元件组成的选频网络有 RC 称相型、RC 串并联型、RC 双 T 型等结构。这里主要介绍 RC 串并联型网络组成的振荡电路，即 RC 桥式正弦波振荡电路。

7.3.1　RC 串并联型网络的选频特性

RC 桥式电路如图 7.8 所示，设 $R_1 = R_2 = R$，$C_1 = C_2 = C$，则

$$Z_1 = R_1 + \frac{1}{j\omega C_1} = \frac{1 + j\omega RC}{j\omega C}$$

$$Z_2 = \frac{R_2 \cdot \frac{1}{j\omega C_2}}{R_2 + \frac{1}{j\omega C_2}} = \frac{R}{1 + j\omega RC}$$

因此，反馈系数为

$$F = \frac{U_f}{U_o} = \frac{Z_2}{Z_1 + Z_2} = \frac{1}{3 + j\left(\omega RC - \frac{1}{\omega RC}\right)} \tag{7.12}$$

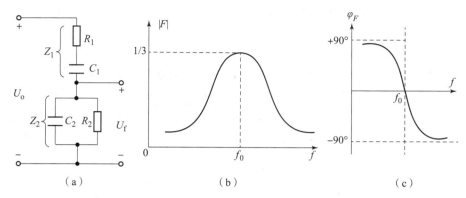

图 7.8 RC 串并联回路及其频率特性
(a) RC 串并联回路；(b) RC 串并联回路幅频特性；(c) RC 串并联回路相频特性

令 $\omega_0 = \dfrac{1}{RC}$，即 $f_0 = \dfrac{1}{2\pi RC}$，则式（7.12）可写为

$$F = \dfrac{1}{3 + j\left(\dfrac{\omega}{\omega_0} - \dfrac{\omega_0}{\omega}\right)} = \dfrac{1}{3 + j\left(\dfrac{f}{f_0} - \dfrac{f_0}{f}\right)} \tag{7.13}$$

其频率特性曲线如图 7.8（b）、图 7.8（c）所示。

从图 7.8 中可以看出，当信号频率 $f=f_0$ 时，u_f 与 u_o 同相，且有反馈系数 $F = \dfrac{U_f}{U_o} = \dfrac{1}{3}$ 为最大。

7.3.2 RC 桥式振荡电路

1. 电路组成

图 7.9 所示电路是文氏电桥振荡电路的原理图，它由同相放大器 $\dot{A}$ 及反馈网络 $\dot{F}$ 两部分组成。图中 RC 串并联电路组成正反馈选频网络，电阻 R_f、R 是同相放大器中的负反馈回路，由它决定放大器的放大倍数。

2. RC 桥式振荡电路的起振条件

同相放大器的输出电压 $\dot{U}_o$ 与输入电压 $\dot{U}_i$ 同相，即 $\varphi_A = 0$，从分析 RC 串并联网络的选频特性知，当输入 RC 网络的信号频率 $f=f_0$ 时，$\dot{U}_o$ 与 $\dot{U}_f$ 同相，即 $\varphi_F = 0$，整个电路的相移 $\varphi = \varphi_A + \varphi_F = 0$，即为正反馈，满足相位平衡条件。

放大器的电压放大倍数 $A_u = 1 + \dfrac{R_f}{R}$，从分析 RC

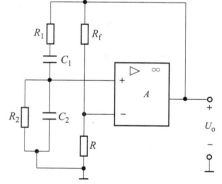

图 7.9 文氏电桥振荡电路的原理图

串联网络的选频特性知，在 $R_1 = R_2 = R$、$C_1 = C_2 = C$ 的条件下，当 $f=f_0$ 时，反馈系数 $F=1/3$ 达到最大，此时，只要放大器的电压放大倍数略大于 3（即 $R_f \geq 2R$），就能满足 $AF>1$ 的条件，振荡电路能自行建立振荡。

3. 稳幅方法

根据振荡幅度的变化来改变负反馈的强弱是常用的自动稳幅措施。图 7.10 所示电路为一个稳幅的文氏振荡电路。图中 R_1、R_2、C_1、C_2 构成正反馈选频网络，结型场效应管 3DJ6 作可变电阻的稳幅电路，这种电路使场效应管工作在可变电阻区，使其成为压敏电阻。D 和 S 两端的等效阻抗随栅压而变，以控制反馈通路的反馈系数，从而稳定振幅。

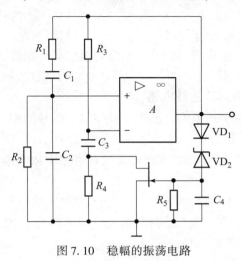

图 7.10　稳幅的振荡电路

本章小结

（1）正弦波振荡电路由基本放大电路、反馈网络、选频网络和稳幅环节四部分组成。

（2）正反馈振荡电路的振荡条件为 $AF=1$，它又分为幅度平衡条件 $|AF|=1$ 和相位平衡条件 $\varphi_A+\varphi_F=\pm 2n\pi(n=0,1,2,3,\cdots)$。但为了便于起振，通常要求 $|AF|>1$ 称为起振条件。

（3）正反馈振荡电路中，选频网络由 R 和 C 构成的，称为 RC 正弦波振荡电路；选频网络由 L 和 C 构成的，则称为 LC 正弦波振荡电路。

习　题

一、选择题

1. 振荡器之所以能获得单一频率的正弦波输出电压，是依靠了振荡器中的（　　）。

A. 选频环节　　　　　　　　　　　　B. 正反馈环节

C. 基本放大电路环节

2. 自激正弦振荡器是用来产生一定频率和幅度的正弦信号的装置，此装置之所以能输出信号，是因为（　　）。

A. 有外加输入信号　　　　　　　　　B. 满足了自激振荡条件

C. 先施加输入信号激励振荡起来，然后去掉输入信号

3. 一个正弦波振荡器的开环电压放大倍数为 A_u，反馈系数为 F，该振荡器要能自行建立振荡，其幅值条件必须满足（   ）。

   A. $|A_uF| = 1$　　　　　B. $|A_uF| < 1$　　　　　C. $|A_uF| > 1$

4. 一个正弦波振荡器的开环电压放大倍数为 A_u，反馈系数为 F，能够稳定振荡的幅值条件是（   ）。

   A. $|A_uF| > 1$　　　　　B. $|A_uF| < 1$　　　　　C. $|A_uF| = 1$

5. 一个振荡器要能够产生正弦波振荡，电路的组成必须包含（   ）。

   A. 放大电路、负反馈电路　　　　　　　　B. 负反馈电路、选频电路
   C. 放大电路、正反馈电路、选频电路

6. 为了满足振荡的相位平衡条件，反馈信号与输入信号的相位差应该等于（   ）。

   A. 90°　　　　　B. 180°　　　　　C. 270°　　　　　D. 360°

7. 为了满足振荡的相位条件，RC 文氏电桥振荡电路中放大电路的输出信号与输入信号之间的相位差，合适的值是（   ）。

   A. 90°　　　　　B. 180°　　　　　C. 270°　　　　　D. 360°

8. 已知某正弦波振荡电路，其正反馈网络的反馈系数为 0.02，为保证电路起振且可获得良好的输出波形，最合适的放大倍数是（   ）。

   A. 0　　　　　B. 5　　　　　C. 20　　　　　D. 50

9. 若依靠晶体管本身来稳幅，则从起振到输出幅度稳定，晶体管的工作状态是（   ）。

   A. 一直处于线性区　　　　　　　　B. 从线性区过渡到非线性区
   C. 一直处于非线性区　　　　　　　　D. 从非线性区过渡到线性区

10. LC 正弦波振荡电路没有专门的稳幅电路，它是利用放大电路的非线性来自动稳幅的，但输出波形一般失真并不大，这是因为（   ）。

    A. 谐振频率高　　　　　　　　B. 输出幅度小
    C. 谐振回路选择特性好　　　　　D. 反馈信号弱

二、填空题

1. 正弦波振荡电路属于＿＿＿＿反馈电路，它主要由＿＿＿＿、＿＿＿＿、＿＿＿＿和＿＿＿＿组成。其中，＿＿＿＿的作用是选出满足振荡条件的某一频率的正弦波。

2. 自激振荡电路从 $AF > 1$ 到 $AF = 1$ 的振荡建立过程中，减小的量是＿＿＿＿。

3. RC 正弦波振荡电路、LC 正弦波振荡电路和石英晶体正弦波振荡电路是按组成＿＿＿＿的元件不同来划分的。若要求振荡电路的输出频率在 10 kHz 左右的音频范围时，常采用＿＿＿＿元器件作选频网络，组成＿＿＿＿正弦波振荡电路。

4. 在正弦波振荡电路中，为了满足振荡条件，应引入＿＿＿＿反馈；为了稳幅和减小非线性失真，可适当引入＿＿＿＿反馈，若其太强，则＿＿＿＿，若其太弱，则＿＿＿＿。

5. 在＿＿＿＿型晶体振荡电路中，晶体可等效为电阻；在＿＿＿＿型晶体振荡电路中，晶体可等效为电感。石英晶体振荡电路的振荡频率基本上取决于＿＿＿＿。

6. 当石英晶体作为正弦波振荡电路的一部分时，其工作频率范围是＿＿＿＿。

三、判断题

1. 正弦波振荡电路维持振荡的幅度条件是 $|\dot{A}\dot{F}|=1$。 (　　)
2. 只要电路引入了正反馈，就一定会产生正弦波振荡。 (　　)
3. 非正弦波振荡电路与正弦波振荡电路的振荡条件完全相同。 (　　)
4. 正弦波振荡电路中，如没有选频网络，就不能引起自激振荡。 (　　)
5. 正弦波振荡电路中的晶体管仍需要一个合适的静态工作点。 (　　)
6. 如果放大电路的输出信号与输入信号倒相，至少要有三节 RC 移相网络才能构成 RC 移相式振荡电路。 (　　)
7. 在正弦波振荡电路中，只允许存在正反馈，不允许有负反馈。 (　　)
8. 电容三点式正弦波振荡电路输出的谐波成分比电感三点式大，因此波形较差。 (　　)
9. 要制作频率稳定度很高，而且频率可调的正弦波振荡电路，一般采用晶体振荡电路。
(　　)
10. 三角波信号发生电路由反相输入滞回比较器和反相输入积分电路组成。 (　　)

四、简答题

1. 正弦波信号产生电路一般由几个部分组成？各部分作用是什么？如果没有选频网络，输出信号会有什么特点？
2. 根据选频网络的不同，正弦波振荡器可分为哪几类？各有什么特点？
3. 振荡电路与放大电路有何异同点？
4. 当产生 20 Hz～20 kHz 的正弦波时，应选用什么类型的振荡器？当产生 100 MHz 的正弦波时，应选用什么类型的振荡器？当要求产生频率稳定度很高的正弦波时，应选用什么类型的振荡器？

第 8 章 直流稳压电源

在电子设备中，内部电路都由直流稳压电源供电。电子设备所需的直流电源，一般都是采用由交流电网供电，经整流、滤波、稳压后获得。如图 8.1 所示为直流稳压电流组成框图。本章主要介绍整流、滤波、稳压电路的结构和工作原理。

8.1 概 述

几乎所有的电子设备都需要稳定的直流电源，通常都是由交流电网供电，因此需要把交流电变成稳定的直流电。直流稳压电源就是把交流电经过整流变成脉动的直流电，然后通过滤波、稳压转换成稳定的直流电的仪器。它由变压电路、整流电路、滤波电路和稳压电路

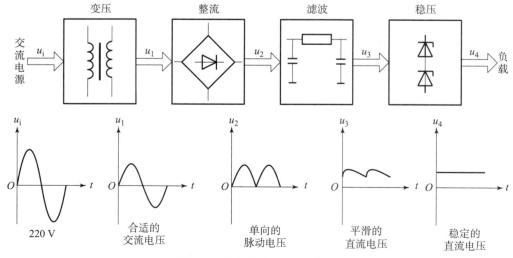

图 8.1 直流稳压电源组成框图

四部分组成。

电源变压器：将交流电网电压变为合适的交流电压。
整流电路：将交流电压变为脉动的直流电压。
滤波电路：将脉动直流电压转变为平滑的直流电压。
稳压电路：清除电网波动及负载变化的影响，保持输出电压的稳定。
功能：把交流电压变成稳定的大小合适的直流电压。

8.2 整流电路

整流电路的目的是利用具有单向导电性能的整流元件，将正负交替的正弦交流电压整流成为单方向的脉动电压。这种单方向的脉动电压有很大的脉动成分。

整流电路中基本上都包含电源变压器，一方面是"变压"（大多数情况下是进行"降压"，即将 220 V 降为较低的交流电压）；另一方面是"隔离"，把电子设备与电网隔开。在小功率直流电源中，经常采用单相半波和单相桥式整流电路。

8.2.1 单相半波整流电路

带有纯电阻负载的单相半波整流电路如图 8.2 所示，这是一种最简单的整流电路。它由变压器 Tr、整流二极管 VD 及负载 R_L 三部分组成。变压器 Tr 将 220 V 交流电压变换为整流电路所要求的交流低压；二极管 VD 具有正向导通、反向截止的开关作用，所以将交流电变成了脉动的直流电，称为整流二极管；负载 R_L 将电能转换成其他能量。

设 $u_2 = \sqrt{2} U_2 \sin\omega t$，为分析简单起见，把二极管当作理想元件处理，即二极管的正向导通电阻为零，反向电阻为无穷大。

当 $u_2 > 0$ 时，二极管导通，忽略二极管正向压降，$u_o = u_2$。

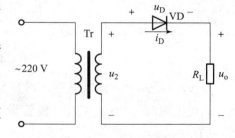

图 8.2 单相半波整流电路

当 $u_2 < 0$ 时，二极管截止，$u_o = 0$。

（1）输出平均电压 U_O（指输出电压 u_o 在一个周期中的平均值），即

$$U_O = \frac{1}{2\pi} \int_0^\pi \sqrt{2} U_2 \sin\omega t \, d(\omega t) = 0.45 U_2 \tag{8.1}$$

（2）输出电流平均值 I_O，即

$$I_D = I_O = 0.45 \frac{U_2}{R_L} \tag{8.2}$$

输出电流等于流过二极管的电流，两者的平均值也相等。

（3）二极管承受的最高反向峰值电压 U_{RM}，即

$$U_{RM} = \sqrt{2} U_2 \tag{8.3}$$

u_2 负半周时二极管截止，$u_D = u_2$。

由波形（图 8.7（a））可知，利用二极管的单向导通这一特性，使变压器副边的交流电

压转换成为负载两端的单向脉动电压,从而达到整流的目的。由于这种电路只在交流电压的半个周期内才有电流流过负载,因此称为单相半波整流电路。半波整流电路虽然电路结构简单,但效率低、输出脉动大,因此很少单独用作直流电源。

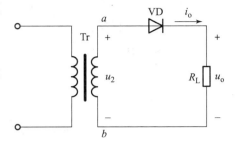

图8.3 例8.1电路

例8.1 电路如图8.3所示,已知 $R_L = 750\ \Omega$,若要求 $U_2 = 20$ V。求 U_O、整流电流平均值 I_O 及承受的反向电压 U_{DRM}。

解: $U_O = 0.45U_2 = 0.45 \times 20 = 9(\text{V})$

$I_O = \dfrac{U_O}{R_L} = \dfrac{9}{750} = 12(\text{mA})$

$U_{DRM} = \sqrt{2}U_2 = \sqrt{2} \times 20 = 28.2(\text{V})$

8.2.2 单相桥式整流电路

单相桥式整流电路如图8.4所示。图中,4个整流二极管 $VD_1 \sim VD_4$ 接成电桥的形式,其中一个对角线接变压器的次级,另一个对角线接负载电阻 R_L,但二者不能互换。

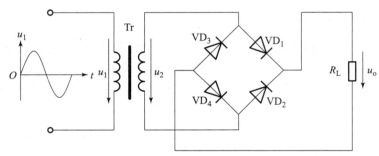

图8.4 单相桥式整流电路

1. u_2 正半周时的电流通路(图8.5)

u_2 正半周时,VD_1、VD_4 二极管导通,VD_2、VD_3 二极管截止,电流通路为 $a \to VD_1 \to R_L \to VD_4 \to b$。

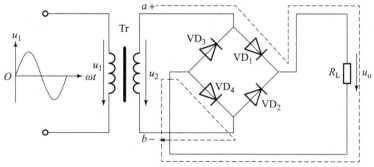

图8.5 单相桥式整流电路(u_2 正半周)

2. u_2 负半周时电流通路(图8.6)

u_2 负半周时,VD_2、VD_3 二极管导通,VD_1、VD_4 二极管截止,电流通路为 $b \to VD_2 \to$

$R_L \to VD_3 \to a$。

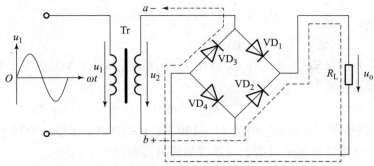

图 8.6 单相桥式整流电路（u_2 负半周）

3. 桥式整流电路各参数计算

1）输出平均电压 U_O

由 u_o 波形可知，桥式整流是半波整流的 2 倍（图 8.7），即

$$U_O = 2\frac{\sqrt{2}}{\pi}U_2 \approx 0.9U_2 \tag{8.4}$$

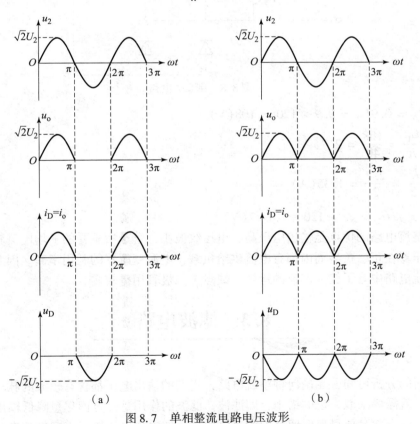

（a） （b）

图 8.7 单相整流电路电压波形

（a）单相半波整流电路波形；（b）单相桥式整流电路波形

2）流过二极管的平均电流 I_D

由于 VD_1、VD_4 和 VD_2、VD_3 轮流导通，因此流过每个二极管的平均电流只有负载电流

的一半,即

$$I_D = \frac{1}{2}I_O = \frac{1}{2}\frac{U_O}{R_L} = 0.45\frac{U_2}{R_L} \tag{8.5}$$

3)二极管承受的最高反向峰值电压 U_{RM}

当 u_2 上正下负时,VD_1、VD_4 导通,VD_2、VD_3 截止,VD_2、VD_3 相当于并联后跨接在 u_2 上,因此反向最高峰值为

$$U_{RM} = \sqrt{2}U_2 \tag{8.6}$$

例 8.2 电路如图 8.8 所示,电压 $U_2 = 120$ V,$R = 40$ Ω,求整流电压平均值 U_O、整流电流平均值 I_O、二极管电流平均值 I_D 及承受的最高反向电压 U_{DRM}。

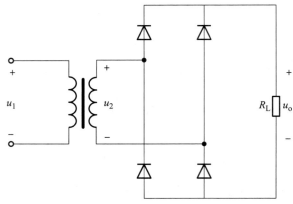

图 8.8 例 8.2 电路

解: $U_O = 0.9U_2 = 0.9 \times 120 = 108(\text{V})$

$$I_O = \frac{U_O}{R} = \frac{108}{40} = 2.7(\text{A})$$

$$I_D = \frac{I_O}{2} = \frac{2.7}{2} = 1.35(\text{A})$$

$$U_{DRM} = \sqrt{2}U_2 = \sqrt{2} \times 120 \approx 169.7(\text{V})$$

桥式整流电路的优点是输出电压高,电压纹波小,管子所承受的平均电流较小,同时由于电源变压器在正、负半周内都有电流供给负载,电源变压器的利用率高。因此,桥式整流电路在整流电路中有了较为广泛的运用,缺点是二极管用得较多。

8.3 滤波电路

从前面的分析可知,无论何种整流电路,它们的输出电压都含有较大的脉动成分。为了减少脉动,就需要采取一定的措施,即滤波。滤波的作用是一方面尽量降低输出电压中的脉动成分,另一方面又要尽量保留其中的直流成分,使输出电压接近于理想的直流电压。

滤波原理:滤波电路利用储能元件电容两端的电压(或通过电感中的电流)不能突变的特性,滤掉整流电路输出电压中的交流成分,保留其直流成分,达到平滑输出电压波形的目的。

滤波方法：将电容与负载 R_L 并联（或将电感与负载 R_L 串联）。

1. 电容滤波器

1）电路结构（图 8.9）

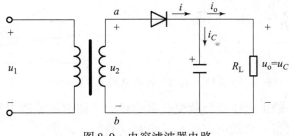

图 8.9　电容滤波器电路

2）工作原理

(1) $u_2 > u_C$ 时，二极管导通，电源在给负载 R_L 供电的同时也给电容充电，u_C 增加，$u_o = u_C$。

(2) $u_2 < u_C$ 时，二极管截止，电容通过负载 R_L 放电，u_C 按指数规律下降，$u_o = u_C$。

3）工作波形（图 8.10）

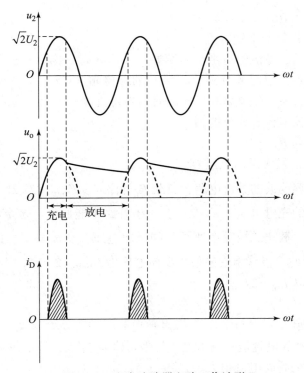

图 8.10　电容滤波器电路工作波形

(1) u_2 上升，u_2 大于电容上的电压 u_C，u_2 对电容充电，$u_o = u_C \approx u_2$。

(2) u_2 下降，u_2 小于电容上的电压 u_C。二极管承受反向电压而截止。电容 C 通过 R_L 放电，u_C 按指数规律下降，时间常数 $= R_L C$。

(3) 只有整流电路输出电压大于 u_C 时，才有充电电流，因此二极管中的电流是脉冲波。

4）外特性曲线（图8.11）

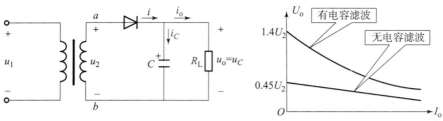

图8.11　电容滤波器电路外特性曲线

采用电容滤波时，输出电压受负载变化影响较大，即带负载能力较差。因此，电容滤波适合于要求输出电压较高、负载电流较小且负载变化较小的场合。

（1）输出直流电压平均值。

单相半波整流电路接纯电阻负载时的直流输出电压 $U_O = 0.45 U_2$，加上电容滤波后，电阻负载 R_L 开路时的直流输出电压 $U_O = \sqrt{2} U_2$。接入负载电阻时的输出直流电压平均值取决于放电时间常数的大小，工程上一般按经验公式计算。

注：一般取 $\tau = R_L C \geq (3-5) \dfrac{T}{2}$（$T$ 为电源电压的周期）；近似估算取：$U_O = 1.2 U_2$（桥式、全波）；$U_O = 1.0 U_2$（半波）。

（2）流过整流二极管的平均电流。

在未加滤波电容前，整流管有半个周期处于导通状态，也称二极管的导电角 $\theta = \pi$；加滤波电容后，只有电容充电时才导通，二极管的导电角 $\theta < \pi$。$R_L C$ 越大，滤波效果越好，二极管导电角将越小，所以整流管在短暂的时间内将流过一个很大的冲击电流，在选用整流管时，其最大整流电流应留有充分的裕量。

注：选管时一般取 $I_{OM} = 2 I_D$。

（3）整流管承受的最大反向电压 U_{DRM}。

单向半波带有电容滤波的整流电路，负载 R_L 开路时，$U_{DRM} = 2\sqrt{2} U_2$（最高）。因为在 u_2 的正半周时，电容上的充电电压 $U_C = \sqrt{2} U_2$，由于开路不能放电，这个电压维持不变；在 u_2 的负半周的最大值时，截止二极管上所承受的反向电压为交流电压的最大值 $\sqrt{2} U_2$ 与电容器上电压 $\sqrt{2} U_2$ 之和，因此二极管承受的最高反向电压为 $U_{DRM} = 2\sqrt{2} U_2$。

注：选管时一般取 $I_{OM} = 2 I_D$。

5）电容滤波电路的特点

（1）输出电压的脉动程度与平均值 U_O 及放电时间常数 $R_L C$ 有关。

$R_L C$ 越大→电容器放电越慢→输出电压的平均值 U_O 越大，波形越平滑。

（2）流过二极管的瞬时电流很大。

$R_L C$ 越大→U_O 越高，I_O 越大→整流二极管导通时间越短→i_D 的峰值电流越大。

（3）二极管承受的最高反向电压为 $U_{DRM} = 2\sqrt{2} U_2$。

2．带负载桥式整流电容滤波电路

1）电路结构

在整流电路中，把一个大电容 C 并接在负载电阻两端就构成了电容滤波电路，其电路和工作波形如图 8.12 和图 8.13 所示。

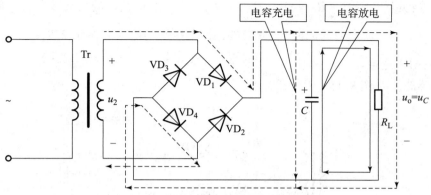

图 8.12 带负载桥式整流电容滤波电路

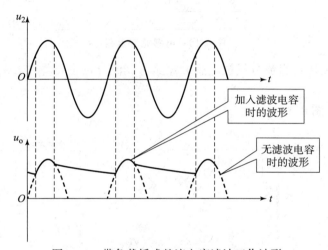

图 8.13 带负载桥式整流电容滤波工作波形

2）电路工作原理

VD 导通时给 C 充电，VD 截止时 C 向 R_L 放电。滤波后 u_o 的波形变得平缓，平均值提高。R_L 接入（且 $R_L C$ 较大）时忽略整流电路内阻。

u_2 上升，u_2 大于电容上的电压 u_C，u_2 对电容充电，$u_o = u_C \approx u_2$；u_2 下降，u_2 小于电容上的电压。二极管承受反向电压而截止，电容 C 通过 R_L 放电，u_C 按指数规律下降，时间常数 $\tau = R_L C$。

只有整流电路输出电压大于 u_C 时，才有充电电流，因此二极管中的电流是脉冲波（图 8.14）。

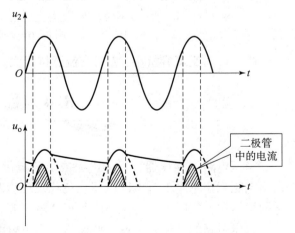

图 8.14 带负载桥式整流电容滤波二极管电流波形

经上述分析可知，由于在二极管截止期间电容 C 向负载电阻缓慢放电，使得输出电压的脉动减小，结果平滑了许多，输出电压平均值也得到了提高。显然，R_LC 的值越大，滤波效果越好。当负载开路时（$R_L=\infty$），$U_0\approx\sqrt{2}U_2$。为了取得良好的滤波效果，一般取 $R_LC\geq(3\sim5)\dfrac{T}{2}$（$T$ 为交流电源的周期）。此时的输出电压平均值为 $U_0\approx1.2U_2$。

3. 其他形式滤波

1）电感滤波（图 8.15）

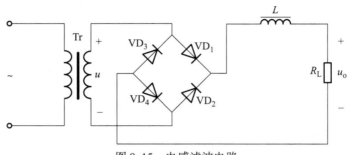

图 8.15　电感滤波电路

整流后的输出电压：直流分量被电感 L 短路，交流分量主要降在 L 上。电感越大，滤波效果越好。

2）π 形滤波（图 8.16）

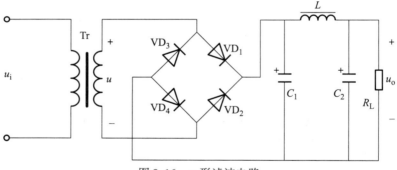

图 8.16　π 形滤波电路

C_1、C_2 对交流容抗小，L 对交流感抗很大。负载电流小时，电感可换成电阻。

8.4　稳压电路

稳压电路（稳压器）是为电路或负载提供稳定输出电压的一种电子设备。稳压电路的输出电压大小基本上与电网电压、负载及环境温度的变化无关，理想的稳压器是输出阻抗为零的恒压源，实际上，它是内阻很小的电压源，其内阻越小，稳压性能越好。

稳压电路的功能是采取一些措施，当市电电压或负载电流变化时，使输出的直流电压保持稳定。它是整个电子系统的一个组成部分，也可以是一个独立的电子部件。常用的稳压电路有稳压管稳压电路、线性稳压电路和开关型稳压电路等。其中稳压管稳压电路最简单，但是带负载能力差，一般只提供基准电压，不作为电源使用。

1. 稳压管稳压电路

1) 电路结构（图 8.17）

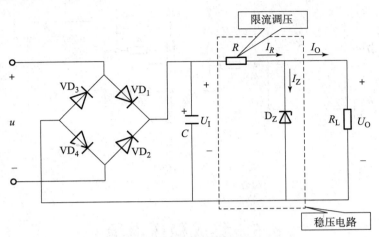

图 8.17 稳压管稳压电路

2) 工作原理

$$\begin{cases} U_O = U_Z \\ I_R = I_O + I_Z \end{cases} \tag{8.7}$$

(1) 设负载 R_L 一定，U_I 变化：$U_I \uparrow \to U_Z \uparrow \to I_Z \uparrow \to I_R \uparrow \to I_R R \uparrow \to U_O$ 基本不变。

(2) 设 U_I 一定，负载 R_L 变化：$R_L \downarrow (I_O \uparrow) \to I_R \uparrow \to U_O(U_Z) \downarrow \to I_Z \downarrow \to I_R \downarrow \to (I_R R)$ 基本不变 $\to U_O$ 基本不变。

3) 参数的选择

(1) 稳压管的选择办法

$$U_Z = U_O \tag{8.8}$$

$$I_{ZM} = (1.5 \sim 3) I_{OM} \tag{8.9}$$

$$U_I = (2 \sim 3) U_O \tag{8.10}$$

适用于输出电压固定、输出电流不大且负载变动不大的场合。

(2) 限流电阻 R 的选择原则，即

$$\frac{U_{IM} - U_O}{I_{ZM} + I_{Omin}} < R < \frac{U_{Imin} - U_O}{I_Z + I_{OM}} \tag{8.11}$$

注：为保证稳压管安全工作，需 $\dfrac{U_{IM} - U_O}{R} - I_{Omin} < I_{ZM}$；为保证稳压管正常工作，需 $\dfrac{U_{Imin} - U_O}{R} - I_{OM} > I_Z$。

2. 恒压源稳压电路

由稳压管稳压电路和运算放大器可组成恒压源稳压电路，如图 8.18 所示。

反相输入恒压源的输出 $U_O = -\dfrac{R_F}{R_1} U_Z$，同相输入恒压源的输出 $U_O = \left(1 + \dfrac{R_F}{R_1}\right) U_Z$，改变 R_F 即可调节恒压源的输出电压。

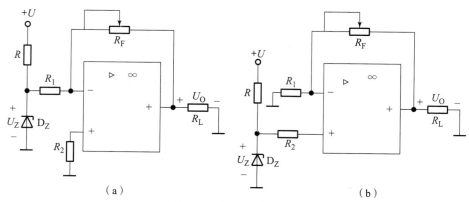

图 8.18 恒压源稳压电路
（a）反相输入恒压源；（b）同相输入恒压源

8.5 集成稳压电源

随着半导体工艺的发展，现在已生产并广泛应用的单片集成稳压电源，具有体积小、可靠性高、使用灵活、价格低廉等优点。最简单的集成稳压电源只有输入、输出和公共引出端，故称之为三端集成稳压器。

1. 分类

集成稳压器的分类如图 8.19 所示。

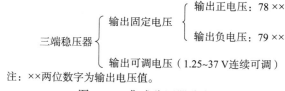

图 8.19 集成稳压器分类

2. 外形及管脚功能

集成稳压器外形及管脚功能如图 8.20 所示。

3. 三端集成稳压器管脚排列

集成稳压器管脚排列如图 8.21 所示。

4. 性能特点（7800、7900 系列）

（1）输出电流超过 1.5 A（加散热器）。
（2）不需要外接元件。
（3）内部有过热保护。
（4）内部有过流保护。
（5）调整管设有安全工作区保护。
（6）输出电压容差为 4%。
（7）输出电压额定值有 5 V、6 V、9 V、12 V、15 V、18 V、24 V 等。

第8章 直流稳压电源

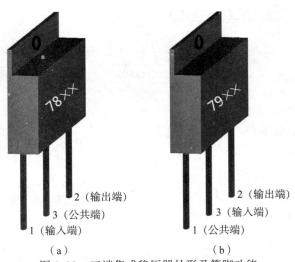

(a)   (b)

图 8.20　三端集成稳压器外形及管脚功能

(a) W7800 系列稳压器外形；(b) W7900 系列稳压器外形

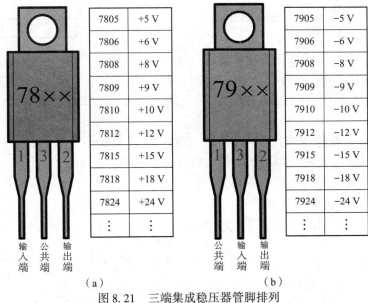

(a)   (b)

图 8.21　三端集成稳压器管脚排列

(a) 78 系列（输出正电压）；(b) 79 系列（输出负电压）

5. 主要参数

(1) 电压调整率 S_U（稳压系数）。

该参数用于反映当负载电流和环境温度不变时，电网电压波动对稳压电路的影响。其表达式为：

$$S_U = \frac{\frac{\Delta U_O}{U_O}}{\Delta U_I} \times 100\% \bigg|_{\substack{\Delta I_O = 0 \\ \Delta T = 0}} \quad (0.005\% \sim 0.02\%) \tag{8.12}$$

(2) 电流调整率 S_I。

该参数用于反映当输入电压和环境温度不变时，输出电流变化时输出电压保持稳定的能力，即稳压电路的带负载能力。其表达式为：

$$S_I = \frac{\Delta U_O}{U_O} \times 100\% \bigg|_{\substack{\Delta U_I = 0 \\ \Delta T = 0}} \quad (0.1\% \sim 1.0\%) \tag{8.13}$$

（3）输出电压 U_O。
（4）最大输出电流 I_{OM}。
（5）最小输入输出电压差 $(U_I - U_O)_{\min}$。
（6）最大输入电压 U_{IM}。
（7）最大功耗 $P_M = (U_{IM} - U_O) \times I_{OM}$。

例 8.3 W7815 的输出电压为 15 V。
最高输入电压为 35 V。
最小输入输出电压差为 2~3 V。
最大输出电流为 2.2 A。
输出电阻为 0.02~0.15 Ω。
电压变化率为 0.1%~0.2%。

6. 三端固定输出集成稳压器的应用

1）输出为固定电压的电路
输出为固定正电压时的接法如图 8.22 所示。

C_i：0.1~1 μF，用来抵消输入端接线较长时的电感效应，防止产生自激振荡，即用以改善波形。

C_o：1 μF，为了瞬时增减负载电流时，不致引起输出电压有较大的波动，即用来改善负载的瞬态响应。

注：输入与输出之间的电压不得低于 3 V。

2）同时输出正、负电压的电路
同时输出正、负电压的电路如图 8.23 所示。

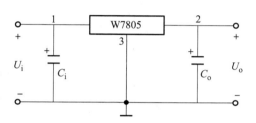

图 8.22 输出为固定电压的电路

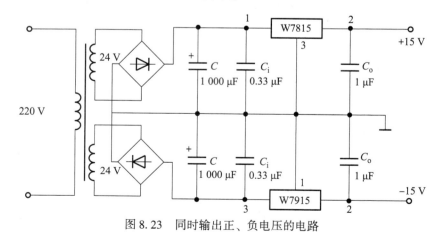

图 8.23 同时输出正、负电压的电路

3）提高输出电压的电路
提高输出电压的电路如图 8.24 所示。

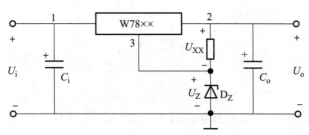

图 8.24 提高输出电压的电路

U_{XX}—W78×× 固定输出电压；$U_O = U_{XX} + U_Z$

4）扩大输出电流的电路

扩大输出电流的电路如图 8.25 所示。

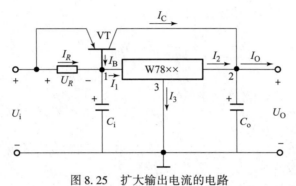

图 8.25 扩大输出电流的电路

一般 I_3 很小，则 $I_2 \approx I_1 = I_R + I_B = -\dfrac{U_{BE}}{R} + \dfrac{I_C}{\beta}$，可见 $I_O = I_2 + I_C$。

5）输出电压可调式电路

用三端稳压器也可以实现输出电压可调，图 8.26 是用 W7805 组成的 7~30 V 可调式稳压电源。

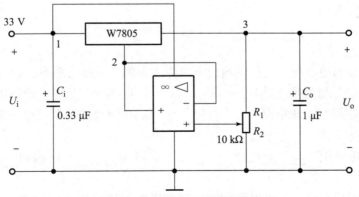

图 8.26 输出电压可调式电路

运算放大器作为电压跟随器使用，它的电源借助稳压器的输入直流电压。由于运放的输入阻抗很高，输出阻抗很低，可以克服稳压器输出电流变化的影响。

本章小结

（1）直流稳压电源由变压、整流、滤波、稳压四个部分组成。

（2）整流电路的作用是利用具有单向导电性能的整流元件，将正、负交替的正弦交流电压整流成为单方向的脉动电压。

（3）滤波电路的作用是滤掉整流电路输出电压中的交流分量，保留其直流成分，减小电路的脉动系数，改善直流电压的质量，达到平滑输出电压波形的目的。

（4）稳压电路的作用是当外端电压发生波动、负载和温度产生变化时，能维持直流输出电压的稳定。

习 题

一、选择题

1. 整流的目的是（   ）。
   A. 将交流变为直流　　　　　　　　　B. 将高频变为低频
   C. 将正弦波变为方波
2. 在单相桥式整流电路中，若有一只整流管接反，则（   ）。
   A. 输出电压约为 $2U_D$　　　　　　　B. 变为半波直流
   C. 整流管将因电流过大而烧坏
3. 直流稳压电源中滤波电路的目的是（   ）。
   A. 将交流变为直流　　　　　　　　　B. 将高频变为低频
   C. 将交、直流混合量中的交流成分滤掉
4. 滤波电路应选用（   ）。
   A. 高通滤波电路　　　　　　　　　　B. 低通滤波电路
   C. 带通滤波电路
5. 若要组成输出电压可调、最大输出电流为 3 A 的直流稳压电源，则应采用（   ）。
   A. 电容滤波稳压管稳压电路　　　　　B. 电感滤波稳压管稳压电路
   C. 电容滤波串联型稳压电路　　　　　D. 电感滤波串联型稳压电路

二、填空题

1. 直流稳压电源由＿＿＿＿电路、＿＿＿＿电路、＿＿＿＿电路和＿＿＿＿电路四部分组成。

2. 桥式整流和单相半波整流电路相比，在变压器副边电压相同的条件下，＿＿＿＿电路的输出电压平均值高了一倍；若输出电流相同，就每一整流二极管而言，则桥式整流电路的整流平均电流增大了一倍，采用＿＿＿＿电路，脉动系数可以下降很多。

3. 在电容滤波和电感滤波中，＿＿＿＿滤波适用于大电流负载，＿＿＿＿滤波的直流输出电压高。

4. 电容滤波的特点是电路简单，_____较高，脉动较小，但是_____较差，有电流冲击。

5. 对于 LC 滤波器，_____越高，_____越大，滤波效果越好，但其_____大，而受到限制。

6. 集成稳压器 W7812 输出的是_____，其值为 12 V；集成稳压器 W7912 输出的是_____，其值为 12 V。

7. 单相半波整流的缺点是只利用了_____，同时整流电压的_____。为了克服这些缺点，一般采用_____。

8. 稳压二极管需要串入_____才能进行正常工作。

9. 单相桥式整流电路中，流过每只整流二极管的平均电流是负载平均电流的_____。

10. 将交流电变为直流电的电路称为_____。

三、判断题

1. 直流电源是一种能量转换电路，它将交流能量转换为直流能量。（　　）
2. 在变压器副边电压和负载电阻相同的情况下，桥式整流电路的输出电流是半波整流电路输出电流的 2 倍。（　　）
3. 若 U_2 为电源变压器副边电压的有效值，则半波整流电容滤波电路和全波整流电容滤波电路在空载时的输出电压均为 $\sqrt{2}U_2$。（　　）
4. 当输入电压 U_1 和负载电流 I_L 变化时，稳压电路的输出电压是绝对不变的。（　　）
5. 整流电路可将正弦电压变为脉动的直流电压。（　　）
6. 电容滤波电路适用于小负载电流，而电感滤波电路适用于大负载电流。（　　）
7. 在单相桥式整流电容滤波电路中，若有一只整流管断开，输出电压平均值变为原来的一半。（　　）

四、分析题

桥式整流电路如图 8.27 所示，请回答以下问题。

（1）画出输出电压 u_o、二极管电流 i_D、二极管电压 u_D 的波形（并标出峰值）。

（2）如果 VD_2 或 VD_4 接反，后果如何？

（3）如果 VD_2 或 VD_4 因击穿或烧坏而短路，后果又如何？

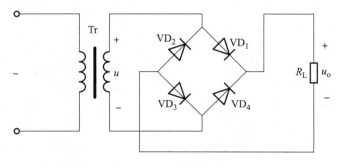

图 8.27　桥式整流电路

五、计算题

1. 有一直流电源，其输出电压为 110 V、负载电阻为 55 Ω 的直流负载，采用单相半波整流电路（不带滤波器）供电。试求变压器副边电压和输出电流的平均值，并计算二极管的电流 I_D 和最高反向电压 U_{DRM}。

2. 已知负载电阻 $R_L = 80\ \Omega$，负载电压 $U_O = 110$ V。现采用单相桥式整流电路，交流电源电压为 220 V。试计算变压器副边电压 U_2、负载电流和二极管电流 I_D 及最高反向电压 U_{DRM}。

参 考 答 案

第 1 章

一、选择题

1. B 2. D 3. D 4. A 5. B 6. C、A 7. A、E、B、D
8. B 9. C 10. B 11. A、A、B 12. C A E 13. B

二、填空题

1. 有效数字、倍乘数、误差

2. 导体、半导体、绝缘体

3. 热敏、光敏、掺杂

4. 单向导电、导通、截止

5. 0.7 V、0.3 V

6. 反向击穿

7. 发射、基、集电；发射、集电

8. 正向、反向

9. PNP、NPN

10. 放大、饱和、截止，放大

11. 断开、闭合

12. 截止、饱和

13. 放大、饱和、截止，发射结正偏、集电结反偏，发射结正偏、集电结正偏，发射结反偏、集电结反偏

14. 基极、集电极、基极电流较小、集电极电流较大

15. $I_E = I_B + I_C$、I_E、I_C/I_B

三、判断题

1. × 2. × 3. × 4. × 5. × 6. √ 7. × 8. × 9. × 10. √

四、简答题

1. 答：纯净的半导体就是本征半导体，在元素周期表中它们一般都是中价元素。在本征半导体中按极小的比例掺入高一价或低一价的杂质元素之后便获得杂质半导体。

2. 答：多数载流子为自由电子的半导体叫 N 型半导体；反之，多数载流子为空穴的半导体叫 P 型半导体。P 型半导体与 N 型半导体接合后，便会形成 PN 结。

3. 答：不可以，因为 BJT 的两个 PN 结掺杂浓度、面积等制作工艺与二极管不同。

4. 答：发射结正偏，集电极结反偏。

五、分析计算题

1. 解：

管　号		VT$_1$	VT$_2$	VT$_3$	管　号		VT$_1$	VT$_2$	VT$_3$
管脚电位/V	①	0.7	6.2	3	电极名称	①	b	e	e
	②	0	6	10		②	e	b	c
	③	5	3	3.7		③	c	c	b
材　料		Si	Ge	Si	类　型		NPN	PNP	NPN

2. 解：①二极管 VD 截止；

②$U_{AB} = -6$ V。

第 2 章

一、选择题

1. C　　2. B　　3. A　　4. B　　5. C　　6. A

7. B　　8. D　　9. D　　10. B　　11. B　　12. C

二、填空题

1. 微小、足够强、直流、驱动

2. 放大、正偏、反偏、静态工作点

3. 共集电极、共发射极、共基极

4. I_B、I_C、U_{CE}

5. 估算法、图解法

6. 微变等效电路法、图解法

7. 饱和、截止

8. 输入端、等效电阻、输出端、等效电阻

9. 相同、相反

10. 断路、短路、断路、短路、短路

11. 分压式偏置放大

12. （1）电压增益小于或等于1、电压、电流、相同；（2）大、输入级、输入电阻；（3）小、带负载、输出极；（4）缓冲。

三、判断题

1. √　　2. ×　　3. √　　4. ×　　5. ×

四、计算题

1. 解：

（1）接入负载电阻 R_L 前：

$$A_u = -\frac{\beta R_C}{r_{be}} = -\frac{40 \times 4}{1} = -160$$

接入负载电阻 R_L 后：

$$A_u = -\frac{\beta(R_C \mathbin{/\mkern-6mu/} R_L)}{r_{be}} = -\frac{40 \times (4 \mathbin{/\mkern-6mu/} 4)}{1} = -80$$

(2) 输入电阻 $R_i = R_B // r_{be} \approx 1$ (kΩ)

输出电阻 $R_o = R_C = 4$ (kΩ)

2. **解：**

(1) 求解 R_B：

$$I_C = \frac{V_{CC} - U_{CE}}{R_C} = 2(\text{mA})$$

$$I_B = \frac{I_C}{\beta} = 0.02(\text{mA})$$

$$R_B = \frac{V_{CC} - U_{BE}}{I_B} = \frac{12 - 0.6}{0.02} = 570(\text{k}\Omega)$$

(2) 求解 R_L：

$$A_u = -\frac{U_o}{U_i} = -\frac{100}{1} = -100$$

$$\dot{A}_u = -\frac{\beta R'_L}{r_{be}} = -100 \times \frac{R'_L}{1}$$

所以
$$R'_L = 1(\text{k}\Omega)$$

$$\frac{1}{R_C} + \frac{1}{R_L} = \frac{1}{R'_L}$$

$$\frac{1}{3} + \frac{1}{R_L} = \frac{1}{1}$$

所以
$$R_L = 1.5(\text{k}\Omega)$$

3. **解：**

(1) $U_B = \frac{V_{CC}}{R_{B1} + R_{B2}} R_{B2} = 4.3(\text{V})$

$I_C \approx I_E = \frac{U_B - U_{BE}}{R_E} = \frac{4.3 - 0.7}{2} = 1.8(\text{mA})$

$I_B = \frac{I_C}{\beta} = \frac{1.8}{50} = 0.036(\text{mA})$

$U_{CE} = V_{CC} - (R_C + R_E)I_C = 15 - (3 + 2) \times 1.8 = 6(\text{V})$

(2) $A_u = -\beta \frac{R'_L}{r_{be}} = -50 \times \frac{3 // 6}{1} = -100$

4. **解：**

(1) 求解 Q 点：

$$I_B = \frac{V_{CC} - U_{BE}}{R_B + (1 + \beta)R_E} = \frac{12 - 0.7}{300 + 61 \times 1} = 0.031(\text{mA})$$

$$I_C = \beta I_B = 60 \times 0.031 = 1.88(\text{mA})$$

$U_{CE} = V_{CC} - I_C R_C - (I_C + I_B)R_E = 12 - 1.88 \times 3 - (1.88 + 0.031) \times 1 = 4.36(\text{V})$

(2) $A_u = -\beta \frac{R'_L}{r_{be}} = -60 \times \frac{3 // 3}{1} = -90$

$R_i = r_{be} // R_B = 1 // 300 \approx 1(\text{k}\Omega)$

$R_o \approx R_C = 3(\text{k}\Omega)$

第 3 章

一、选择题

1. A 2. A 3. A 4. C 5. A、C 6. C 7. A 8. B 9. A

二、填空题

1. 单级放大器、前后级

2. 静态工作点互相影响、零点漂移严重

3. 直接耦合、阻容耦合和变压器耦合、阻容耦合和变压器耦合、直接耦合、变压器耦合、直接耦合、直接耦合

4. 3、7、30

5. 80、10^4

6. 电容、直接耦合

7. 提高共模抑制比

8. 各单级放大倍数的乘积、各单级相移之和、从输入级看进去的等效电阻、从末级看进去的等效电阻

9. 单端输入–单端输出、单端输入–双端输出、双端输入–单端输出、双端输入–双端输出

三、简答题

1. 答：零点漂移是直接耦合放大电路最大的问题。最根本的解决方法是用差分放大器。差动放大电路可以放大差模信号，抑制共模信号。

2. 答：输入电压为零而输出电压不为零且缓慢变化的现象，称为零点漂移现象。当输入电压为零，由温度变化所引起的半导体器件参数的变化而使输出电压不为零且缓慢变化的现象，称为温度漂移。它是产生零点漂移的主要原因。抑制零点漂移的方法有：①在电路中引入直流负反馈；②采用温度补偿的方法，利用热敏元件来抵消放大管的变化；③采用"差动放大电路"。

四、计算题

1. **解**：VT_1 管的直流通路如下图所示：

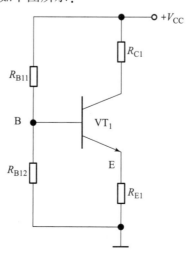

$$I_{EQ1} = \frac{\frac{R_{B12}V_{CC}}{R_{B11}+R_{B12}} - 0.7}{R_{E1}} = \frac{\frac{39 \times 12}{100+39} - 0.7}{3.9} = 0.684(\text{mA})$$

$$r_{be1} = r_{bb'} + (1+\beta)\frac{26\text{mV}}{I_{EQ1}} \approx 2.24(\text{k}\Omega)$$

同理可得

$$I_{EQ2} = \frac{\frac{R_{B22}V_{CC}}{R_{B21}+R_{B22}} - 0.7}{R_{E2}} = \frac{\frac{24 \times 12}{24+39} - 0.7}{2.2} = 1.76(\text{mA})$$

$$r_{be2} = r_{bb'} + (1+\beta)\frac{26\text{mV}}{I_{EQ2}} \approx 1.05(\text{k}\Omega)$$

交流等效电路如下图所示：

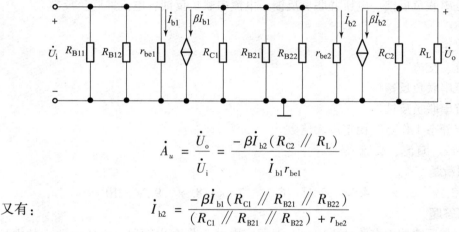

$$\dot{A}_u = \frac{\dot{U}_o}{\dot{U}_i} = \frac{-\beta \dot{I}_{b2}(R_{C2} /\!/ R_L)}{\dot{I}_{b1} r_{be1}}$$

又有：

$$\dot{I}_{b2} = \frac{-\beta \dot{I}_{b1}(R_{C1} /\!/ R_{B21} /\!/ R_{B22})}{(R_{C1} /\!/ R_{B21} /\!/ R_{B22}) + r_{be2}}$$

故：

$$\dot{A}_u = \frac{-\beta(R_{C1} /\!/ R_{B21} /\!/ R_{B22})}{(R_{C1} /\!/ R_{B21} /\!/ R_{B22}) + r_{be2}} \times \frac{-\beta(R_{C2} /\!/ R_L)}{r_{be1}} \approx 1344$$

$$R_i = R_{B11} /\!/ R_{B12} /\!/ r_{be1} \approx 2.07(\text{k}\Omega)$$

$$R_o = R_{C2} = 3(\text{k}\Omega)$$

2. (1) 静态时：

$$I_{EQ1} = I_{EQ2} = \frac{1}{2}I = 0.5(\text{mA})$$

$$I_{CQ1} = I_{CQ2} \approx I_{EQ1} = I_{EQ2} = \frac{1}{2}I = 0.5(\text{mA})$$

集电极电位为

$$u_{C1} = u_{C2} = V_{CC} - I_{CQ1}R_{C1} = 12 - 0.5 \times 10 = 7(\text{V})$$

(2) 差模放大倍数为

$$A_{ud} = \frac{u_{od}}{u_{id}} = \frac{u_{od1} - u_{od2}}{u_{id1} - u_{id2}} = \frac{2u_{od1}}{2u_{id1}} = A_{u1} = -\frac{\beta R_{C1}}{R_{B1} + r_{be}} = -\frac{100 \times 10}{1+2} = -333$$

共模放大倍数为

输入电阻为
$$A_{uc} = 0$$

$$R_{id} = 2(R_{B1} + r_{be1}) = 2 \times (1 + 2) = 6(\text{k}\Omega)$$

输出电阻为

$$R_{od} = 2R_{C1} = 2 \times 10 = 20(\text{k}\Omega)$$

第 4 章

一、选择题

1. D 　2. A、B 　3. D 　4. C、D、A、B 　5. D
6. A 　7. C 　8. C 　9. C 　10. D、B、A、C

二、填空题

1. 基本放大电路、反馈网络
2. 串联、电流、电压
3. 电压串联负反馈、电压并联负反馈、电流串联负反馈、电流并联负反馈
4. 减小
5. 负、正
6. 直流、交流
7. 电压串联负反馈
8. 电流串联负反馈
9. 稳定静态工作点、稳定放大倍数
10、交流、直流、交流

三、判断题

1. × 　2. × 　3. × 　4. × 　5. √ 　6. √ 　7. × 　8. × 　9. √ 　10. ×

四、简答题

1. 答：在反馈放大电路分析中，一般假定电路工作在中频段，忽略电路中的电抗器件的影响，所以，此时反馈放大电路的反馈极性在线路接成后就确定了。但在实际电路中，若信号处于低频段或高频段时，由于电路中电抗器件（如耦合电容、旁路电容、极间电容等），各电路的输出与输入间就会存在附加相移，若附加相移达到180°或更大，则原来设计的负反馈电路就成为正反馈电路，即反馈极性发生变化。

2. 答：不正确。因为对反馈放大电路的类型应分别从电路的输入端（也叫比较端）及输出端（也叫采样端）来分析。在输入端根据输入信号、净输入信号及反馈信号的关系，分为串联反馈（3个信号以电压形式出现并满足电压叠加的关系）和并联反馈（3个信号以电流形式出现并满足电流叠加的关系）。在输出端根据采样信号的取法，分为电压反馈（反馈信号与输出电压成正比，并稳定输出电压）和电流反馈（反馈信号与输出电流成正比，并稳定输出电流）。

第 5 章

一、选择题

1. C 　2. A 　3. A 　4. D 　5. B 　6. C 　7. A 　8. C、E、A、D

二、填空题

1. 输入级、中间级、输出级、偏置电路
2. 差分放大电路、互补对称电路
3. 断、短、地、断
4. （1）反相，同相；（2）同相，反相；（3）同相，反相；（4）同相，反相
5. （1）同相比例；（2）反相比例；（3）同相求和；（4）反相求和

三、判断题

1. ×　2. √　3. √　4. √　5. ×　6. √　7. ×　8. ×　9. ×　10. √

四、计算题

1. 解：$u_{o1} = (-R_f/R) u_i = -10 u_i$，$u_{o2} = (1 + R_f/R) u_i = 11 u_i$。当集成运放工作到非线性区时，输出电压不是 +14 V，就是 -14 V。

u_i/V	0.1	0.5	1.0	1.5
u_{o1}/V	-1	-5	-10	-14
u_{o2}/V	1.1	5.5	11	14

2. 解：（1）由图可知 $R_i = 50\ \text{k}\Omega$，

（2）$u_M = -2u_i$

$i_{R2} = i_{R4} + i_{R3}$

即 $-\dfrac{u_M}{R_2} = \dfrac{u_M}{R_4} + \dfrac{u_M - u_o}{R_3}$

输出电压 $u_o = 52 u_M = -104 u_i$。

3. 解：在图 5.17 所示各电路中，集成运放的同相输入端和反相输入端所接总电阻均相等。各电路的运算关系式分析如下。

（a）$u_o = -\dfrac{R_f}{R_1} \cdot u_{i1} - \dfrac{R_f}{R_2} \cdot u_{i2} + \dfrac{R_f}{R_3} \cdot u_{i3} = -2u_{i1} - 2u_{i2} + 5u_{i3}$

（b）$u_o = -\dfrac{R_f}{R_1} \cdot u_{i1} + \dfrac{R_f}{R_2} \cdot u_{i2} + \dfrac{R_f}{R_3} \cdot u_{i3} = -10u_{i1} + 10u_{i2} + u_{i3}$

（c）$u_o = \dfrac{R_f}{R_1}(u_{i2} - u_{i1}) = 8(u_{i2} - u_{i1})$

（d）$u_o = -\dfrac{R_f}{R_1} \cdot u_{i1} - \dfrac{R_f}{R_2} \cdot u_{i2} + \dfrac{R_f}{R_3} \cdot u_{i3} + \dfrac{R_f}{R_4} \cdot u_{i4} = -20u_{i1} - 20u_{i2} + 40u_{i3} + u_{i4}$

第 6 章

一、选择题

1. B　2. B　3. C　4. A　5. C　6. C　7. B　8. B　9. C　10. D　11. C

二、填空题

1. 甲、乙、甲乙
2. 交越失真
3. 电压、电流、极限

4. 2π 或 360°、π 或 180°、π < θ < 2π

5. OTL、大电容

6. 放大区但接近饱和区

7. $(P_V - P_o)/2$、P_o/P_V

8. 16

9. 交越、二极管、电阻

10. 乙类、甲类

三、判断题

1. √ 2. × 3. √ 4. × 5. × 6. √ 7. × 8. × 9. √ 10. ×

四、计算题

1. 解：

（1）图 6.13（a）最大输出功率：$P_{om} = \dfrac{\left(\dfrac{V_{CC}}{2} - U_{CE(sat)}\right)^2}{2R_L} \approx \dfrac{3^2}{2 \times 8} = 0.56(W)$

图 6.13（b）最大输出功率：$P_{om} = \dfrac{(V_{CC} - U_{CE(sat)})^2}{2R_L} \approx \dfrac{6^2}{2 \times 8} = 2.25(W)$

（2）图 6.13（a）电源功率：$P_V = \dfrac{2}{\pi} \cdot \dfrac{\dfrac{V_{CC}}{2}\left(\dfrac{V_{CC}}{2} - U_{CE(sat)}\right)}{R_L} \approx \dfrac{V_{CC}^2}{2\pi R_L} = \dfrac{6^2}{2\pi \times 8} = 0.716(W)$

图 6.13（b）电源功率：$P_V = \dfrac{2}{\pi} \cdot \dfrac{V_{CC}(V_{CC} - U_{CE(sat)})}{R_L} \approx \dfrac{2V_{CC}^2}{\pi R_L} = \dfrac{2 \times 6^2}{\pi \times 8} = 2.86(W)$

（3）图 6.13（a）为 OTL 电路（或甲乙类互补对称功率放大电路）；

图 6.13（b）为 OCL 电路（或乙类互补对称功率放大电路）。

2. 解：

（1）最大输出功率 P_{om} 为

$$P_{om} = \dfrac{(V_{CC} - |U_{CES}|)^2}{2R_L} = 24.5(W)$$

效率 η 为

$$\eta = \dfrac{P_o}{P_V} = \dfrac{\pi}{4} \cdot \dfrac{U_{om}}{V_{CC}} = \dfrac{\pi}{4} \cdot \dfrac{V_{CC} - |U_{CES}|}{V_{CC}} \approx 68.69\%$$

（2）每个晶体管的最大功耗 P_{Tmax} 为

$$P_{Tmax} = \dfrac{V_{CC}^2}{\pi^2 R_L} = \dfrac{2}{\pi^2} P_{om} \approx 0.2 P_{om} = 4.9(W)$$

3. 解

（1）三极管 VT_1 构成共发射极放大电路，用作功放电路的前置级（或激励级），起电压放大作用，以给功放末级提供足够大的驱动信号。若出现交越失真，调节 R_P 使之阻值适当增大。

（2）$P_{om} = \dfrac{V_{CC}^2}{2R_L} = \dfrac{10^2}{2 \times 8} = 6.25(W)$

$\eta = \dfrac{\pi}{4} = 78.5\%$

(3) 该电路为 OTL 电路。

第 7 章

一、选择题

1. A 2. B 3. C 4. C 5. C 6. D 7. D 8. D 9. B 10. C

二、填空题

1. 正、放大电路、反馈网络、选频网络、稳幅环节、选频网络

2. 放大倍数

3. 选频网络、RC、RC

4. 正、负、不易起振、容易产生非线性失真

5. 串联、并联、石英晶体本身的谐振频率

6. $f_s \leq f \leq f_p$。

三、判断题

1. √ 2. × 3. × 4. × 5. √ 6. √ 7. × 8. × 9. × 10. ×

四、简答题

1. 答：正弦波振荡电路通常由 4 个部分组成，分别为放大电路、选频网络、正反馈网络和稳幅环节。放大电路实现能量转换的控制，选频网络决定电路的振荡频率，正反馈网络引入正反馈，使反馈信号等于输入信号，稳幅环节使电路输出信号幅度稳定。

如果没有选频网络，输出信号将不再是单一频率的正弦波。

2. 答：正弦波振荡电路可分为 RC 正弦波振荡器、LC 正弦波振荡器和石英晶体振荡器。RC 正弦波振荡器通常产生低频正弦信号，LC 正弦波振荡器常用来产生高频正弦信号，石英晶体振荡器产生的正弦波频率稳定性很高。

3. 答：振荡电路和放大电路都是能量转换装置。振荡电路是在无外输入信号作用时，电路自动地将直流能量转换为交流能量；放大电路是在有外输入信号控制下，实现能量的转换。

4. 答：产生 20 Hz～20 kHz 的正弦波时，应选用 RC 正弦波振荡器。产生 100 MHz 的正弦波时，应选用 LC 正弦波振荡器。当要求产生频率稳定度很高的正弦波时，应选用石英晶体振荡器。

第 8 章

一、选择题

1. A 2. C 3. C 4. B 5. D

二、填空题

1. 变压、整流、滤波、稳压

2. 桥式整流、桥式整流

3. 电感、电容

4. 输出电压、外特性

5. 频率、电感、体积
6. 正电压、负电压
7. 电源的半个周期、脉动较大、全波整流电路
8. 限流电阻
9. 一半
10. 整流电路

三、判断题

1. √ 2. √ 3. √ 4. × 5. √ 6. √ 7. ×

四、分析题

解：（1）u 正半周时，VD_1、VD_3 导通，VD_2、VD_4 截止；u 负半周时，VD_2、VD_4 导通，VD_1、VD_3 截止。波形图如下：

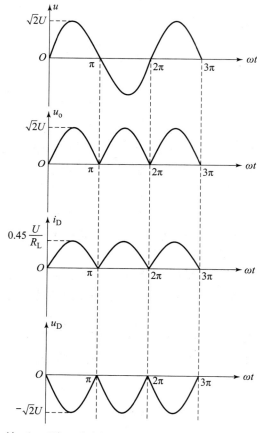

（2）如果 VD_2 或 VD_4 接反，则正半周时，二极管 VD_1、VD_4 或 VD_2、VD_3 导通，电流经 VD_1、VD_4 或 VD_2、VD_3 而造成电源短路，电流很大，因此变压器及 VD_1、VD_4 或 VD_2、VD_3 将被烧坏。

（3）如果 VD_2 或 VD_4 因击穿烧坏而短路，则正半周时，情况与 VD_2 或 VD_4 接反类似，电源及 VD_1 或 VD_3 也将因电流过大而烧坏。

五、计算题

1. **解**：当采用单相半波整流电路时

$$U_2 = \frac{U_o}{0.45} = \frac{110}{0.45} = 244(\text{V})$$

$$I_o = \frac{110}{55} = 2(\text{A})$$

$$I_D = I_o = 2(\text{A})$$

$$U_{DRM} = \sqrt{2}\,U_2 = \sqrt{2} \times 244 = 346(\text{V})$$

2. **解**：负载电流 $\quad I = \dfrac{U_o}{R_L} = \dfrac{110}{80} = 1.4(\text{A})$

每个二极管通过的平均电流 $\quad I_D = \dfrac{1}{2}I_o = 0.7(\text{A})$

变压器二次侧电压的有效值为

$$U_2 = \frac{U_o}{0.9} = \frac{110}{0.9} = 122(\text{V})$$

$$U_{DRM} = \sqrt{2}\,U_2 = \sqrt{2} \times 122 = 172.5(\text{V})$$

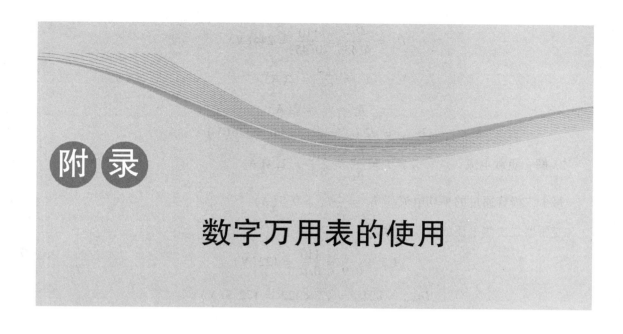

附录

数字万用表的使用

一、数字万用表介绍

数字万用表是一种多用途电子测量仪器,一般包含安培计、电压表、欧姆计等功能,有时也称为万用计、多用计、多用电表或三用电表。用数字万用表测量时需要明白其测量的原理、方法,从而理解性地记忆。下面介绍了万用表用得最多的几种测量,包括:电阻的测量;直流、交流电压的测量;直流、交流电流的测量;二极管的测量;三极管的测量等。

二、元件测量

1. 电阻的测量

1)测量步骤

如附图1所示,具体测量步骤如下。

(1)首先将红表笔插入"VΩ"孔,黑表笔插入"COM"孔。

(2)将量程旋钮打到"Ω"挡适当位置。

(3)分别用红、黑表笔接到电阻两端金属部分。

(4)读出显示屏上显示的数据。

2)注意事项

(1)量程的选择和转换。量程选小了显示屏上会显示"1.",此时应换用较之大的量程;反之,量程选大了,显示屏上会显示一个接近于"0"的数,此时应换用较之小的量程。

附图1 测量电阻

(2)读数时,显示屏上显示的数字再加上挡位选择的单位就是它的读数。要提醒的是在"200"挡时单位是"Ω",在"2k~200k"挡时单位是"kΩ",在"2M~2000M"挡时单位是"MΩ"。

（3）如果被测电阻值超出所选择量程的最大值，将显示过量程"1."，应选择更高的量程，对大于 1 MΩ 或更高的电阻，要几秒钟稳定后读数才能准确，这是正常的。

（4）当没有连接好时，如开路情况，仪表显示为"1."。

（5）当检查被测线路的阻抗时，要保证移开被测线路中的所有电源，将所有电容放电。被测线路中，如有电源和储能元件，会影响线路阻抗测试的正确性。

（6）万用表的 200 MΩ 挡位，短路时会显示"1.0"字样，测量一个电阻时，应从测量读数中减去"1.0"字样，即减去 1.0 MΩ。例如，测一个电阻时，显示为"101.0"，应从 101.0 中减去 1.0，则被测元件的实际阻值为 100.0 即 100 MΩ。

2. 直流电压的测量

直流电压测量如附图 2 所示。

1）测量步骤

（1）将红表笔插入"VΩ"孔。

（2）将黑表笔插入"COM"孔。

（3）将量程旋钮打到"V－"或"V～"适当位置。

（4）读出显示屏上显示的数据。

2）注意事项

（1）把旋钮选到比估计值大的量程挡（注意：直流挡是"V－"，交流挡是"V～"），接着把表笔接电源或电池两端；保持接触稳定，数值可以直接从显示屏上读取。

（2）若显示为"1."，则表明量程太小，那么就要加大量程后再测量。

（3）若在数值左边出现"－"，则表明表笔极性与实际电源极性相反，此时红表笔接的是负极。

3. 交流电压的测量

测量交流电压如附图 3 所示。

附图 2　测量直流电压

附图 3　测量交流电压

1）测量步骤

（1）将红表笔插入"VΩ"孔。

（2）将黑表笔插入"COM"孔。

（3）将量程旋钮打到"V－"或"V～"适当位置。

（4）读出显示屏上显示的数据。

2）注意事项

（1）表笔插孔与直流电压的测量一样，不过应该将旋钮打到交流挡"V～"处所需的量程。

（2）交流电压无正负之分，测量方法与前面相同。

（3）无论测交流电压还是直流电压，都要注意人身安全，不要随便用手触摸表笔的金属部分。

4. 直流电流的测量

测量直流电流如附图4所示。

1）测量步骤

（1）断开电路。

（2）将黑表笔插入"COM"端口，红表笔插入"mA"或者"20A"端口。

（3）将功能旋转开关打至"A～"（交流）或"A－"（直流），并选择合适的量程。

（4）断开被测线路，将数字万用表串联入被测线路中，被测线路中电流从一端流入红表笔，经万用表黑表笔流出，再流入被测线路中。

（5）接通电路。

（6）读出LCD显示屏数字。

2）注意事项

（1）估计电路中电流的大小。若测量大于200 mA

附图4　测量直流电流

的电流，则要将红表笔插入"10A"插孔并将旋钮打到直流"10A"挡；若测量小于200mA的电流，则将红表笔插入"200 mA"插孔，将旋钮打到直流200 mA以内的合适量程。

（2）将万用表串进电路中，待稳定后即可读数。若显示为"1."，就要加大量程；如果在数值左边出现"－"，则表明电流从黑表笔流进万用表。

（3）其余与测量交流电压注意事项大致相同。

5. 交流电流的测量

测量交流电流如附图5所示。

1）测量步骤

（1）断开电路。

（2）将黑表笔插入"COM"端口，红表笔插入"mA"或者"20A"端口。

（3）将功能旋转开关打至"A～"（交流）或"A－"（直流），并选择合适的量程。

（4）断开被测线路，将数字万用表串联入被测线路中，被测线路中电流从一端流入红表笔，经万用表黑表笔流出，再流入被测线路中。

(5) 接通电路。
(6) 读出 LCD 显示屏数字。

2) 注意事项

(1) 测量方法与测量直流电流相同，不过挡位应该打到交流挡位。
(2) 电流测量完毕后应将红表笔插回"VΩ"孔。
(3) 如果使用前不知道被测电流范围，则将功能开关置于最大量程并逐渐下降。
(4) 如果显示器只显示"1."，表示过量程，功能开关应置于更高量程。
(5) 表示最大输入电流为 200 mA，过量的电流将烧坏熔丝，应再更换，20 A 量程无熔丝保护，测量时不能超过 15 s。

6. 电容的测量

测量电容如附图 6 所示。

附图 5　测量交流电流

附图 6　测量电容

1) 测量步骤

(1) 将电容两端短接，对电容进行放电，确保数字万用表的安全。
(2) 将功能旋转开关打至电容"F"测量挡，并选择合适的量程。
(3) 将电容插入万用表"CX"插孔。
(4) 读出 LCD 显示屏上数字。

2) 注意事项

(1) 测量前电容需要放电；否则容易损坏万用表。
(2) 测量后也要放电，避免埋下安全隐患。
(3) 仪器本身已对电容挡设置了保护，故在电容测试过程中不用考虑极性及电容充放电等情况。
(4) 测量电容时，将电容插入专用的电容测试座中（不要插入表笔插孔"COM""V/Ω"）。
(5) 测量大电容时稳定读数需要一定的时间。

7. 二极管的测量

测量二极管如附图 7 所示。

213

1）测量步骤

（1）将红表笔插入"VΩ"孔，黑表笔插入"COM"孔。

（2）将旋钮打在"—▷|—"挡。

（3）判断正负。

（4）将红表笔接二极管正极，黑表笔接二极管负极。

（5）读出 LCD 显示屏上数据。

（6）将两表笔换位，若显示屏上为"1."，则正常；否则说明此管已被击穿。

2）注意事项

二极管正负好坏判断。将红表笔插入"VΩ"孔、黑表笔插入"COM"孔，将旋钮打在"—▷|—"挡，然后颠倒表笔再测一次。测量结果如下：如果两次测量的结果是一次显示"1."字样，另一次显示零点几的数字，那么此二极管就是一个正常的二极管，假如两次显示都相同，那么此二极管已经损坏，LCD 上显示的一个数字即是二极管的正向压降：硅材料为 0.6 V 左右；锗材料为 0.2 V 左右，根据二极管的特性，可以判断此时红表笔接的是二极管的正极，而黑表笔接的是二极管的负极。

8. 三极管的测量

测量三极管如附图 8 所示。

附图 7　测量二极管　　　　　　　附图 8　测量三极管

1）测量步骤

（1）将红表笔插入"VΩ"孔，黑表笔插入"COM"孔。

（2）将旋钮打在"—▷|—"挡。

（3）找出三极管的基极 b。

（4）判断三极管的类型（PNP 或者 NPN）。

（5）将旋钮打在"hFE"挡。

（6）根据类型插入"PNP"或"NPN"插孔测 β。

（7）读出显示屏中 β 的值。

2）注意事项

（1）e、b、c 管脚的判定。表笔插位同上；其原理同二极管的测量。先假定 A 脚为基极，用黑表笔与该脚相接，红表笔分别接触其他两脚；若两次读数均为 0.7 V 左右，然后再用红表笔接 A 脚，黑表笔接触其他两脚，若均显示"1."，则 A 脚为基极；否则需要重新测量，且此管为 PNP 管。

（2）集电极和发射极的判断。利用"hFE"挡来判断，先将挡位打到"hFE"挡，可以看到挡位旁有一排小插孔，分为 PNP 和 NPN 管的测量。前面已经判断出管型，将基极插入对应管型"b"孔，其余两脚分别插入"c""e"孔，此时可以读取数值，即 β 值；再固定基极，其余两脚对调；比较两次读数，读数较大的管脚位置与表笔"c""e"相对应。

三、数字万用表使用注意事项

（1）如果无法预先估计被测电压或电流的大小，则应先拨至最高量程挡测量一次，再视情况逐渐把量程减小到合适位置。测量完毕，应将量程开关拨到最高电压挡，并关闭电源。

（2）满量程时，仪表仅在最高位显示数字"1."，其他位均消失，这时应选择更高的量程。

（3）测量电压时，应将数字万用表与被测电路并联。测电流时应与被测电路串联，测直流量时不必考虑正、负极性。

（4）当误用交流电压挡去测量直流电压，或者误用直流电压挡去测量交流电压时，显示屏将显示"000"，或低位上的数字出现跳动。

（5）禁止在测量高电压（220 V 以上）或大电流（0.5 A 以上）时换量程，以防止产生电弧，烧毁开关触点。

（6）当万用表的电池电量即将耗尽时，液晶显示器左上角会有电池电量低提示，即显示电池符号，表明此时电量不足。若仍进行测量，则测量值会比实际值偏高。

参 考 文 献

[1] 童诗白，华成英. 模拟电子技术基础［M］. 5 版. 北京：高等教育出版社，2015.
[2] 唐静. 模拟电子技术项目教程［M］. 北京：北京理工大学出版社，2017.
[3] 金玉善，曹应晖，申春. 模拟电子技术基础［M］. 北京：中国铁道出版社，2010.
[4] 陈永强，魏金成，吴昌东. 模拟电子技术［M］. 北京：人民邮电出版社，2013.
[5] 吴翠娟，张恒. 模拟电子技术［M］. 北京：清华大学出版社，2013.
[6] 沈任元. 模拟电子技术基础［M］. 3 版. 北京：机械工业出版社，2018.
[7] 王丽，高燕梅. 模拟电子技术基础［M］. 北京：电子工业出版社，2012.
[8] 彭克发，蔺玉珂. 模拟电子技术［M］. 北京：北京理工大学出版社，2011.
[9] 王远. 模拟电子技术基础［M］. 3 版. 北京：机械工业出版社，2007.
[10] 李月乔. 模拟电子技术基础［M］. 北京：中国电力出版社，2015.
[11] 廖惜春. 模拟电子技术基础［M］. 武汉：华中科技大学出版社，2008.
[12] 毕满清，高文华. 模拟电子技术基础学习指导及习题详解［M］. 北京：电子工业出版社，2014.
[13] 孙肖子. 模拟电子电路及技术基础［M］. 2 版. 西安：西安电子科技大学出版社，2014.
[14] 林涛，林薇. 模拟电子技术基础［M］. 北京：清华大学出版社，2010.
[15] 黄丽薇，王迷迷. 模拟电子电路［M］. 南京：东南大学出版社，2016.
[16] 杨凌. 模拟电子技术基础［M］. 北京：化学工业出版社，2014.
[17] 章彬宏，吴青萍. 模拟电子技术［M］. 北京：北京理工大学出版社，2009.
[18] 傅晓林. 模拟电子技术［M］. 3 版. 重庆：重庆大学出版社，2018.
[19] 杨凌. 模拟电子技术基础［M］. 北京：化学工业出版社，2014.
[20] 李振梅. 模拟电子技术基础［M］. 北京：高等教育出版社，2010.
[21] 王丽. 模拟电子电路［M］. 北京：人民邮电出版社，2010.
[22] 王卫东. 模拟电子技术基础［M］. 北京：电子工业出版社，2010.
[23] 郭业才，黄友锐. 模拟电子技术［M］. 2 版. 北京：清华大学出版社，2018.
[24] 余辉晴. 模拟电子技术教程［M］. 3 版. 北京：电子工业出版社，2014.
[25] 潘春月. 模拟电子电路分析与应用［M］. 北京：机械工业出版社，2018.
[26] 李雅轩. 模拟电子技术［M］. 4 版. 西安：西安电子科技大学出版社，2018.
[27] 刁修睦，杜保强，宋伟毅. 模拟电子技术及应用［M］. 北京：北京大学出版社，2010.
[28] 周跃庆. 模拟电子技术基础教程［M］. 天津：天津大学出版社，2005.
[29] 汪红. 电子技术［M］. 北京：电子工业出版社，2003.
[30] 康华光，陈大钦. 电子技术基础：模拟部分［M］. 6 版. 北京：高等教育出版社，2013.

[31] 房晔. 电子技术基础（模拟部分）[M]. 北京：中国电力出版社，2011.

[32] 查丽斌，张凤霞. 模拟电子技术[M]. 北京：电子工业出版社，2013.

[33] 王苑苹，李自勤，刘建岚. 电路与模拟电子技术基础[M]. 3版. 北京：电子工业出版社，2015.

[34] 吕国泰，白明友. 电子技术[M]. 北京：高等教育出版社，2013.